Deutsche Reichsbahn 1935

05 001

DEUTSCHE REICHSBAHN 1935

Alfred B. Gottwaldt

Ein Text- und Bildreport

Mit 101 Abbildungen auf 33 Bildtafeln und 13 Abbildungen im Text

2., überarbeitete Auflage

FV

Franckh'sche Verlagshandlung Stuttgart

Schutzumschlag gestaltet von Edgar Dambacher nach einer Zeichnung von Walter Gotschke „Der Fliegende Hamburger“, für die Maybach-Motorenbau GmbH, heute Motoren- und Turbinen-Union Friedrichshafen GmbH. Original und Rechte bei Motoren- und Turbinen-Union Friedrichshafen.

Abbildung auf Seite 2: Anfang März 1935 verläßt die neue Stromlinienlokomotive 05 001 die Borsigwerke in Berlin-Tegel zu ihrer ersten Probefahrt. Im Vordergrund die Kameramänner der Wochenschau.

2. Auflage, 7.–10. Tausend
Franckh'sche Verlagshandlung, W. Keller & Co., Stuttgart / 1976 / Printed in Germany / Imprimé en Allemagne / LH 19 Hä / ISBN 3-440-04193-X— / Druck: Johannes Illig, Buch- und Offsetdruckerei, Göppingen

Deutsche Reichsbahn 1935

Deutsche Reichsbahn 1935

Vorbemerkung

Deutsche Reichsbahn 1935 — wer dächte bei diesem Titel nicht sogleich an eine noch heute faszinierende Blütezeit des Schienenverkehrs, an letzte Höhepunkte des Eisenbahn-Jahrhunderts, ehe das Automobil in den Vordergrund rückte? Wer dächte nicht an die Schnellzuglokomotiven mit Stromlinienverkleidung, an die Blitztriebwagen und ihre atemberaubenden Fahrzeiten, andererseits aber auch an die viel größere Zahl der unauffälligen, von gewöhnlichen Dampflokomotiven geführten Personen- und Güterzüge, die erst das Wesen des größten Unternehmens der damaligen Zeit ausmachten? Wer dächte schließlich nicht daran, daß die Reichsbahn im Staatseigentum vielfältigen Einflüssen der Politik ausgesetzt war, die nicht ohne Auswirkungen auf das Bild bleiben konnten, das hier gezeichnet werden soll?

Damit sind bereits die drei wichtigsten Gesichtspunkte genannt, unter denen auf den folgenden Blättern die Geschichte der Eisenbahn am Beispiel des Jahres 1935 betrachtet werden wird. Dieses Jahr war besonders deshalb für einen beispielhaften Rückblick geeignet, weil es neben den großen alltäglichen Transportleistungen und neben gewissen Glanzpunkten, wie sie auch in anderen Jahren stets zu finden sind, noch die beeindruckenden Feierlichkeiten zum hundertjährigen Jubiläum der ersten Fahrt einer deutschen Eisenbahn zwischen Nürnberg und Fürth mit sich brachte. Bei diesem Anlaß wurde die technische Spitze von Lokomotiven und Waggons so vollständig und anschaulich wie niemals sonst während der Reichsbahnzeit präsentiert, so daß ihrer Darstellung mit einigem Recht breiterer Raum gewährt wurde; dies um so mehr, als erstaunlicherweise seit den damaligen Zeitungsberichten nicht wieder über jenes Spektakel geschrieben worden ist.

Als Form der Darstellung wurde, auf die alten Veröffentlichungen und die erfreulicherweise noch erhaltenen Akten der Organisatoren gestützt, vorwiegend die zeitnahe Reportage gewählt, die von mannigfachen Zitaten aus den alten Quellen unterbrochen ist. Der Verfasser bekennt freimütig, hier nicht immer auf die dokumentenhaft getreue Übertragung der Originale hingearbeitet, sondern vielmehr stillschweigend allerhand Führerbüsten, Hakenkreuzfahnen, Heilrufe und Horst-Wessel-Lieder beiseite geräumt zu haben, um die Texte heute wieder lesbar zu machen. Darüber soll nicht vergessen werden, welchen Stellenwert diese Dinge damals besaßen, als der Begriff der Volksgemeinschaft die unleugbaren Interessengegensätze verschleierte, als die letzte Eisenbahner-Gewerkschaft verschwand, die Reichsbahn den deutschen Gruß einführte und zum Jahresende eine Vielzahl jüdischer Beamter entließ. Adolf Hitler als Teil der großen Politik von der Eisenbahngeschichte fernzuhalten, wäre ebenso unklug wie der Versuch, ihn nur als nostalgisches Requisit aufmarschieren zu lassen. Vielmehr gilt es, ihn als Symbol und Ergebnis historischer Entwicklungen sichtbar zu machen, die noch nicht als vollständig überwunden gelten dürfen.

Ohne die großzügige, verständnisvolle Unterstützung, welche mir von Mitarbeitern des Bundesarchivs in Koblenz, der Bundesbahn-Hauptverwaltung in Frankfurt a. M., des Verkehrsarchives beim Verkehrsmuseum Nürnberg und des Ullstein-Bilderdienstes in Berlin gewährt wurde, hätte diese Arbeit nicht geschrieben werden können. Mein persönlicher Dank gilt auch Karl-Heinz Buchholz, Ralf Roman Rossberg und Dr. Theodor Schlosser für ihre unermüdliche Hilfe, schließlich Rolf Härter von der Franckh'schen Verlagshandlung für seine Mühen bei der Drucklegung.

A. G.

Vorbemerkung zur 2. Auflage

Die freundliche Aufnahme, welche der Band in dem Jahr gefunden hat, als die Eisenbahn ihren 140. Geburtstag feierte, hat die Bearbeitung einer neuen Auflage mit einem in vielen Einzelheiten verbesserten Bildteil gestattet. Es hat indes auch an Stimmen nicht gefehlt, die im laufenden Text eine aus anderen Arbeiten des Verfassers gewohnte kritische Distanz zum dargestellten Stoff vermißten, weil sie in dem mitunter allzu dick aufgetragenen der Darstellung aus damaliger Sicht die eben darin sich ausdrückende Ironie nicht erkannten, die allein das Pathos noch erträglich macht. *A. G.*

Erstes Kapitel: Die Deutsche Reichsbahn im Jahre 1935

Viele große Ereignisse — Ein wenig Statistik — Der Güterverkehr im Jahreslauf — Zu Besuch im Reichsbahn-Zentralamt — Lokomotiven und Triebwagen — Beschaffungen und Versuchsfahrten — Berühmte Züge — Ein Blick in den Fahrplan — Jubiläumsvorbereitungen — Lokomotivbau bei Krauss-Maffei — Eine Überführungsfahrt von München nach Nürnberg

Wer heute einen Blick in die Vergangenheit unserer Eisenbahn zur Zeit der alten Deutschen Reichsbahn wirft, dem werden dort unter dem Jahre 1935 so illustre Ereignisse wie die Übernahme der Saarbahnen am 1. März, die Elektrifizierung der Gesamtstrecke Augsburg — Nürnberg mit ihrer Inbetriebnahme am 10. Mai, die Eröffnung der ersten von der Reichsbahn gebauten Autobahnstrecke zwischen Frankfurt a. M. und Darmstadt neun Tage später, die Inbetriebsetzung der fahrplanmäßigen Schnelltriebwagen Berlin — Köln und Berlin — Frankfurt a. M. im Sommer, die Fertigstellung der für Höchstgeschwindigkeiten von 175 km/h und 150 km/h entwickelten Lokomotiv-Baureihen 05, 61 und E 18, ferner die Einführung einer neuen Uniform für das Reichsbahnpersonal oder die Jahrhundertfeiern in Nürnberg, endlich gar so düstere Ereignisse wie das Einsturzunglück beim Bau der Berliner Nord-Süd-S-Bahn am 20. August und die Kollision von Großheringen am Weihnachtsabend zuerst begegnen, ehe der alltägliche Betrieb bei der Reichsbahn-Gesellschaft in den Vordergrund rückt. Daher sei hier nach diesem kurzen Abriß ein anderer Weg beschritten, der uns vom gewöhnlichen Dienst der 653 000 Eisenbahner erst allmählich zu den geschichtsträchtigen Vorgängen führt, die so leicht den Blick auf das Wichtigste verstellen.

Deutsche Reichsbahn 1935 — dieser Titel kommt einer herausfordernden Vielfalt an Zahlen gleich, die sich in Zeitschriftenaufsätzen und Statistischen Jahrbüchern drängen, und er umfaßt gleichzeitig den ununterbrochenen Dienst für Wirtschaft und Bevölkerung an 365 Tagen des Jahres. Um die Bedeutung dessen, was uns heute am Fahrzeugpark des Jahres 1935 wesentlich erscheint, ins rechte Verhältnis zu den damaligen Schwerpunkten zu setzen, genügt selbst der Hinweis nicht, daß von zehntausend Reisenden nur ein Fahrgast die 1. Klasse, gut dreihundert Personen die 2. Klasse und alle übrigen Reichsbahnkunden die 3. Klasse zu benutzen pflegten und meist in Länderbahnwagen und von ebensolchen Lokomotiven befördert wurden. Damit sollen diese bewährten, teilweise recht neuen Fahrzeuge keineswegs abgewertet, sondern in ihren umfangreichen Aufgaben auch nach mehr als einem Jahrzehnt seit Gründung der Reichsbahn gewürdigt werden. Die Erneuerung des Materials drängte sich wohl schon auf; wo aber die Finanzen Beschaffungen gestatteten, blieben sie auf das unbedingt Nötige und die vorsorgliche Herstellung von Prototypen beschränkt, um den Fabriken Beschäftigung zu geben, und um für künftige Entwicklungen gewappnet zu sein. Dabei bot der gesamte Personenverkehr nur die eine Seite der Medaille; ungleich größer als die Zahl der Personenzüge war die Anzahl der Güterzugfahrten, der Bestand an Güterwagen übertraf die Menge der Reisezugwagen um ein zehnfaches. Ähnlich verhielt es sich mit den Einnahmen: Im Personenverkehr wurden 1935 etwa 990 Millionen Reichsmark gegenüber 917 Millionen im Geschäftsjahr zuvor erlöst, dagegen brachte der Gütertransport 2320 Millionen Mark statt der 2140 Millionen des Jahres 1934 ein.

Selbst auf die Gefahr hin, den Leser gleich auf der ersten Seite mit einer Masse von Zahlen zu verwirren oder gar zu ermüden, seien hier weitere Daten aus dem Geschäftsbericht der Deutschen Reichsbahn auf das Jahr 1935 vorgestellt, um als Grundlage den großen Kuchen zu bieten, aus dem wir uns hernach die Rosinen picken wollen.

Verweilen wir noch für einige Augenblicke beim Güterverkehr, wo die vielfältigen preußischen Lokomotivtypen vor den anderen Länderbauarten und einer verschwindend geringen Stückzahl von Einheitsloks der Reihen 43 und 44 das Feld beherrschten. Für Kohlen, die fast die Hälfte der beförderten Gütermenge ausmachten, wurden an jedem Werktag im Ruhrgebiet 22 000 Wagen zu 10 t Ladegewicht, in Oberschlesien etwa 6 500, in Niederschlesien 1 500, im Aachener Revier rund 2 400, in Sachsen knapp 1 000 und an der Saar über 3 300 Waggons allein an Steinkohle abgefahren, zu denen 11 000 Einheiten mit Braunkohle aus den mitteldeutschen Gebieten beiderseits der Elbe und etwa 3 000 Stück aus den rheinischen Zechen kamen; eine halbe Million Tonnen täglich. In diesem Zusammenhang ist erwähnenswert, daß die Lokomotiven der Reichsbahn im Jahre 1935 selbst 13,8 Millionen Tonnen Kohle verbrauchten. Durchschnittlich wurden auf 1 000 Lokkilometer 13,7 t verfeuert. Doch zurück zu unseren Güterwagen: Neben den offenen Fahrzeugen wurde täglich eine noch größere Stückzahl gedeckter Waggons an den Bahnhöfen und Laderampen bereitgestellt, nämlich durchschnittlich 58 000 Stück, ferner 17 000 Vertreter sonstiger Gattungen. Dabei blieb in den Statistiken der Wagenstellung die Spalte für nicht gestellte Wagen stets leer, denn die Reichsbahn konnte die Anforderungen mit ihren großen Fahrzeugreserven, die in den Tabellen der nächsten Seiten aufgeführt sind, leicht erfüllen.

Nach so trockenem Stoff erwartet der Leser mit Recht leichtere Kost. Wir wollen daher verfolgen, womit die Züge im Jahreslauf beladen wurden und wie sie ausgelastet waren, um dem bisher gewonnenen Bild noch etwas Farbe zu verleihen.

Der Monat Januar 1935 wies gegenüber dem Vormonat infolge der Geschäftsstille nach Weihnachten, der Einschränkung der Arbeit in den Außengebieten, des Aufhörens der Zuckerrübentransporte und des wegen der Frostgefahr nur geringen Versandes an Kartoffeln, Obst und Gemüse den üblichen Verkehrsrückgang auf, den ein erheblicher Mehrversand an Düngemitteln nicht auszugleichen vermochte. Im Februar trat eine geringe Verkehrsbelebung ein, die vor allem auf den stärkeren Versand an landwirtschaftlichen Geräten, Saatgut, Stroh und Baustoffen entfiel. Eine weitere erhebliche jahreszeitliche Verkehrszunahme brachte der März. Beteiligt waren an dem Mehrverkehr dieses Monats vor allem neben den zum Vormonat schon genannten Gütern Kartoffeln, Futtermittel, lebende Pflanzen und Umzugsgut.

Im April verlangsamte sich die Aufwärtsbewegung; der Rückgang des Frühjahrsverkehrs, vor allem bei Kohlen und Düngemitteln, konnte durch einen stärkeren Versand an Baustoffen, Saat- und Pflanzgut, Geräten und Werkzeugen für Feld- und Gartenbau und durch anderen Industrieverkehr mehr als ausgeglichen werden. Der Monat Mai ergab wiederum einen erheblicheren Mehrverkehr namentlich an Kohlen, Bau- und Wegebaustoffen, landwirtschaftlichen Maschinen und Geräten, Rauhfutter und Frühgemüse. Im Juni hielt sich der Verkehr ungefähr auf der Höhe des Vormonats, während er im Juli, wie gewöhnlich, etwas abflaute, weil das geringere Verkehrsaufkommen an Kohlen, Düngemitteln, Kalk, Kern- und Beerenobst, durch die stärkeren Bezüge an Baustoffen, Eisenerzen, Kartoffeln usw. nicht ausgeglichen werden konnte.

Der Güterverkehr des Monats August zeigte gegenüber dem Vormonat eine leichte Besserung. Es stieg insbesondere der Versand von Kohlen, Ernteerzeugnissen, Baustoffen aller Art und frischen Fischen; auch der Versand lebender Pflanzen setzte langsam ein. Im September trat wieder eine lebhaftere Verkehrssteigerung ein; sie war zurückzuführen auf die stärkere Beförderung von Brennstoffen, Ernteerzeugnissen, Düngemitteln, sowie von Bau- und Wegebaustoffen, Grubenholz, Eisen und Erzen.

Im Oktober, der sonst regelmäßig ein weiteres starkes Anwachsen des Verkehrs aufweist, entsprach die Verkehrszunahme gegen den Vormonat nicht den Erwartungen. Sie erreichte nur eine Höhe von 4 Prozent; ihr Zurückbleiben hinter dem sonst üblichen Oktober-Ergebnis erklärt sich durch die reichlichen Niederschläge während der zweiten Monatshälfte, die in fast allen Teilen des Reiches die Verladungen mancher Außenbetriebe ungünstig beeinflußten und insbesondere auch die Abfuhr der Zuckerrüben störten. Während der Verkehrsanfall an Kohlen, Kartoffeln und Herbstgemüse und lebenden Pflanzen aus jahreszeitlichen Gründen anstieg, ging die Beförderung von Düngemitteln, Kalk und Baustoffen zurück.

Der November wies die beste Wagenstellung des Jahres auf. Im ersten Monatsdrittel erreichte der Rübenversand seinen höchsten Stand und ließ dann allmählich nach. Die Gesamtzahl der im Monat November für Rüben und Schnitzel gestellten Wagen übertraf das Oktoberergebnis ganz erheblich. Günstig be-

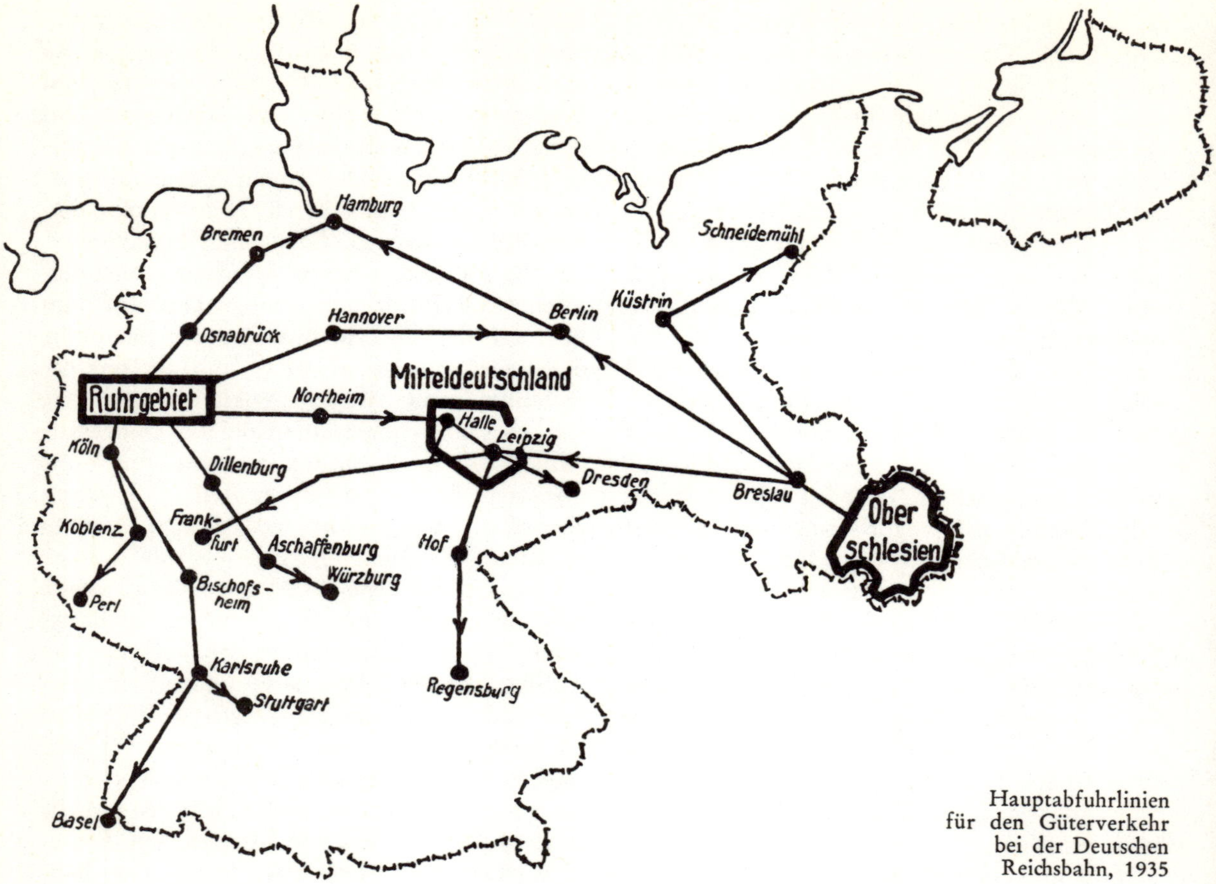

Hauptabfuhrlinien für den Güterverkehr bei der Deutschen Reichsbahn, 1935

einflußt durch größere Auslandslieferungen, nahm auch die Brennstoffabfuhr gegen den Oktober zu; ebenso wurden Zucker, Getreide und Düngemittel in größerem Umfange abbefördert als im Vormonat, während der Absatz an Baustoffen infolge der jahreszeitlich bedingten Einschränkung der Außenarbeiten nachließ und auch der Kartoffelversand zurückging. Im Dezember trat mit dem allmählichen Abschluß der Rübenkampagne, dem Abflauen der übrigen Erntetransporte und dem weiteren Absinken des Baustoffversandes wieder die übliche jahreszeitliche Abwärtsbewegung des Güterverkehrs ein.

Die Stärke der einzelnen Züge, das sei nach diesem Überblick noch angemerkt, hatte auch 1935 gegenüber dem Vorjahr weiter zugenommen. Nicht nur die allgemeine Wirtschaftslage, für die der Güterverkehr ein zuverlässiges Anzeigeinstrument ist, hatte sich gebessert, auch die in den zwanziger Jahren vollzogene Einführung der durchgehenden Druckluftbremse hatte hierzu noch mancherlei Möglichkeiten geboten. Hierher gehört auch ein Hinweis auf die schon regelmäßig verkehrenden Großgüterwagenzüge mit Kohlen, Koks, Erzen, Kalk, Bergversatz und Sand in 42 Verkehrsbeziehungen, für die 911 Wagen zur Verfügung standen, und auf den Pendelverkehr von 205 Kübelwagen mit Exportkohle von verschiedenen Zechen des Ruhrgebiets nach Nordenham. Getreide wurde auch in 50 weiteren gedeckten Großwagen versandt, die von den Rheinhäfen Kehl, Mannheim und Karlsruhe nach Bietigheim und der Schweiz sowie von Hamburg und Bremen nach Südbayern und Österreich in Zuggruppen durchliefen.

Die Beschleunigung des Güterverkehrs durch Erhöhung der Fahrgeschwindigkeit, Verkürzung der Aufenthalte in den Umstellbahnhöfen und schließlich durch den Einsatz einer weiter zunehmenden Stückzahl von Kleinlokomotiven für den Rangierdienst auf den Stationen — s. die Angaben der Tabelle 1 — machten weitere Fortschritte. So konnten im Winterfahrplan beispielsweise die Laufzeiten von Friedrichshafen nach Passau um 24 Stunden, von Warnemünde nach München um 15 Stunden und Köln-Gremberg nach Hof um 14 Stunden vermindert werden.

Tabelle 1: Bestand an Lokomotiven und Triebwagen 1931 bis 1935

	1931	1932	1933	1934	Jan.	Feb.	März	April
Bestand überhaupt	24 413	23 194	22 431	22 206	22 489	22 547	22 599	22 970
Dampflokomotiven	22 764	21 491	20 581	19 932	19 887	19 893	19 905	20 225
Dampflok betriebsfähig	18 314	16 473	15 449	15 665	16 207	16 083	16 154	16 541
Dampflok in Ausbesserung	4 450	5 018	5 132	4 267	3 680	3 810	3 751	3 684
Kleinlokomotiven	26	62	113	463	754	787	819	850
Elektr. Lokomotiven	399	399	424	449	461	464	467	468
Triebwagen für Oberleitung oder Stromschiene	950	960	1 015	1 014	1 014	1 014	1 014	1 014
Sonstige Triebwagen	271	280	306	345	370	386	391	410

	Mai	Juni	Juli	Aug.	Sept.	Okt.	Nov.	Dez.
Bestand überhaupt	23 008	23 020	23 053	23 086	23 119	23 143	23 180	23 197
Dampflokomotiven	20 217	20 188	20 188	20 188	20 187	20 187	20 191	20 188
Dampflok betriebsfähig	16 515	16 603	16 724	16 700	16 802	16 776	16 882	16 949
Dampflok in Ausbesserung	3 702	3 585	3 464	3 488	3 385	3 411	3 309	3 239
Kleinlokomotiven	882	900	916	929	942	951	965	976
Elektr. Lokomotiven	468	470	471	474	474	474	477	478
Triebwagen für Oberleitung oder Stromschiene	1 021	1 027	1 031	1 037	1 038	1 038	1 042	1 043
Sonstige Triebwagen	417	432	444	455	475	490	502	509

In den Beständen sind auch die durch die Rückgliederung der Saar hinzugekommenen Fahrzeuge enthalten

Tabelle 2: Bestand an Wagen (Vollspur und Schmalspur) 1931 bis 1935

	1931	1932	1933	1934	I/1935	II/1935	III/1935	IV/1935
Gesamtzahl der Wagen*)	738 781	731 473	715 749	689 483	671 629	669 603	675 552	677 242
Personenwagen	65 530	65 022	62 870	60 626	59 926	59 951	59 799	60 341
Gepäckwagen	21 256	21 119	20 917	20 589	20 396	20 357	20 218	20 303
Güterwagen	651 995	645 332	631 962	608 268	591 307	589 295	595 555	596 598
Gedeckte Güterwagen	228 017	226 682	223 202	216 315	211 877	211 420	212 794	212 269
Offene Güterwagen	409 844	404 155	394 034	376 579	363 828	362 390	367 422	367 879
Bahndienstwagen	14 134	14 495	14 726	15 314	15 602	15 485	15 339	16 450

*) Einschl. der dem Deutschen Reich gehörenden, in den deutsch-oberschlesischen Wagenpark eingestellten Güterwagen, aber ohne Triebwagen und Beiwagen, die zur Personen-, Gepäck- und Güterbeförderung eingerichtet sind.

Damit haben wir schon ein schönes Stück aus der tagtäglichen Arbeit unserer vielen tausend Reichsbahner kennengelernt, die im Dezember 1935 bei der großen Fahrzeugparade anläßlich der Hundertjahrfeiern die Tribüne am Verschiebebahnhof bevölkerten. Bevor wir uns nun dem Dienst derjenigen zuwenden, die für die Pünktlichkeit und Sicherheit im Personenverkehr auch auf der abgelegensten Nebenstrecke verantwortlich waren, sei als Trost für die ganz unbeirrbaren Verehrer der Dampflokomotive, die im nächsten Kapitel noch auf ihre Kosten kommen werden, bereits ein Besuch bei den Reichsbahn-Zentralämtern für Maschinenbau und für Einkauf in Berlin und beim Zentralamt München unternommen, der über die jüngsten Entwicklungen in diesen Schaltstellen der Fahrzeugbeschaffung informieren soll.

Wie schon die Statistik der Tabellen 1 und 2 belegt, wurden auch 1935 vielfältige Bewegungen im Bestand der Lokomotiven, Triebwagen und Waggons notwendig. Für 135 Millionen Reichsmark beschaffte die Eisenbahn etwa 140 Dampflokomotiven, 24 elektrische Lokomotiven vornehmlich für die Strecke Augsburg — Nürnberg, 250 Kleinloks, 330 Triebwagen nebst Steuer- und Beiwagen, 120 Personenwagen (darunter mehrere Salonwagen für die Regierung), 30 Gepäckwagen, 3 500 Güter- und Bahndienstwagen, 2 Schiffe, 15 Omnibusse sowie 1 400 Straßenkraftfahrzeuge für die stark zunehmende Güterbeförderung. Einen erheblichen Teil der Käufe konnte der Direktor der Einkaufsabteilung in der Reichsbahn-Hauptverwaltung, Dr.-Ing. E. h. Gustav Hammer, als besonderes Entgegenkommen der Verwaltung zur Erhaltung einer deutschen Lokomotiv- und Waggonindustrie bezeichnen, denn seit den weitgehenden Betriebseinschränkungen der mageren zwanziger Jahre bestand in wenigen Zweigen des Betriebs ein echter Bedarf. Um Arbeiterentlassungen bei den Fahrzeugbauanstalten zu vermeiden, war sogar ein Teil der etwas größeren Beschaffung 1936 bereits im laufenden Jahr bestellt worden.

Neben den im Dezernat des Reichsbahn-Oberrates Dr.-Ing. E. h. Richard Paul Wagner entwickelten Prototypen neuerer Lok-Bauarten, die bei der Jahrhundert-Ausstellung in Nürnberg der Öffentlichkeit vorgeführt werden sollten, lieferten die Fabriken 82 Schnellzugmaschinen der Baureihen 01 und 03 mit verstärkter Bremse und auf 130 km/h heraufgesetzter Höchstgeschwindigkeit. Eine der leichteren Lokomotiven, 03 193, wurde mit vollständiger Stromlinienverkleidung versehen, um die Richtigkeit der durch Modellversuche im Windkanal ermittelten Luftwiderstandswerte im praktischen Versuch nachzuprüfen; ihre Schwester 03 207 erhielt Lentz-Ventilsteuerung. Für den Betrieb auf Nebenbahnen kamen 56 neue Lokomotiven der Reihen 64 und 86 in den Bestand; außerdem wurden mit den Saarbahnen 330 Dampfloks übernommen. Im Laufe des Jahres wurden 160 überalterte und unwirtschaftlich arbeitende Maschinen ausgemustert. Weiterhin waren am Jahresende etwa 500 Lokomotiven überzählig; im Jahresdurchschnitt betrug der Überbestand gar 800 Stück. So verwundert in Tabelle 1 die große Differenz zwischen den betriebsfähigen und den insgesamt vorhandenen Triebfahrzeugen nicht, denn außer dem tatsächlich in Ausbesserung befindlichen Anteil von 14,2 Prozent sind hier auch die von der Reparatur zurückgestellten Loks abgesetzt. Im Schnitt kamen die Maschinen nach 118 000 km Laufleistung zur Hauptuntersuchung. 1935 leistete jede Lok 33 650 Zugkilometer gegenüber 24 400 Zkm im Jahre 1927, ihre Ausnutzung war also sehr verbessert worden; Mängel wurden sichtbar.

Bei den schon erwähnten Motor-Kleinlokomotiven gingen die Beschaffungen wieder etwas zurück, weil 1934 der größte Teil des ersten Programms bereits ausgeliefert war. Neuerdings nahmen die Versuche mit Gaserzeugern für Schwelkoksbetrieb und Sauggasmotoren breiten Raum ein, um diese an sich sehr wirtschaftlichen Maschinen von importierten Treibstoffen unabhängig zu machen.

Von der dem Zentralamt und seinem Versuchdezernenten, Professor Dr.-Ing. E. h. Hans Nordmann, nahestehenden, im Reichsbahn-Ausbesserungswerk Grunewald eingegliederten Versuchsabteilung für Lokomotiven wurden Probeläufe mit den ersten beiden Schnellfahr-Sonderlokomotiven der Reihe 05 eingeleitet, die allerdings wegen anderweitigen Bedarfs an den prominenten Maschinen mehrfach unterbrochen werden mußten. Die neuen Lokgattungen 71 und 89 wurden eingehend untersucht, die inzwischen durch Einzelteile abgeänderten Mitteldruckloks der Gattungen 04 und 44 erneut durchgeprobt. Von den umfangreicheren weiteren Messungen seien noch die Verbrennung von Schwelkoks und geringwertigen Kohlensorten angeführt.

Bei den elektrischen Lokomotiven waren, teilweise schon in Vorjahr, Fortsetzungslieferungen der bewährten Gattungen E 04 und E 44 angelaufen, zu denen sich die ersten neuen E 18 für Schnellzüge und E 93 für Güterzüge gesellten. Von allen vier Typen wurden auch sogleich weitere Muster bestellt. In Durchführung des Programms zur Umstellung eines Teils des Personenverkehrs auf Triebwagen wurden 28 zweiteilige Wagen ET 25 und 48 Steuerwagen hierzu angeliefert. Von diesen Fahrzeugen waren 11 Stück E 04, 16 Stück E 44, 10 Stück ET 25 und 12 Stück ES 25, ferner drei Fahrleitungs-Unter-

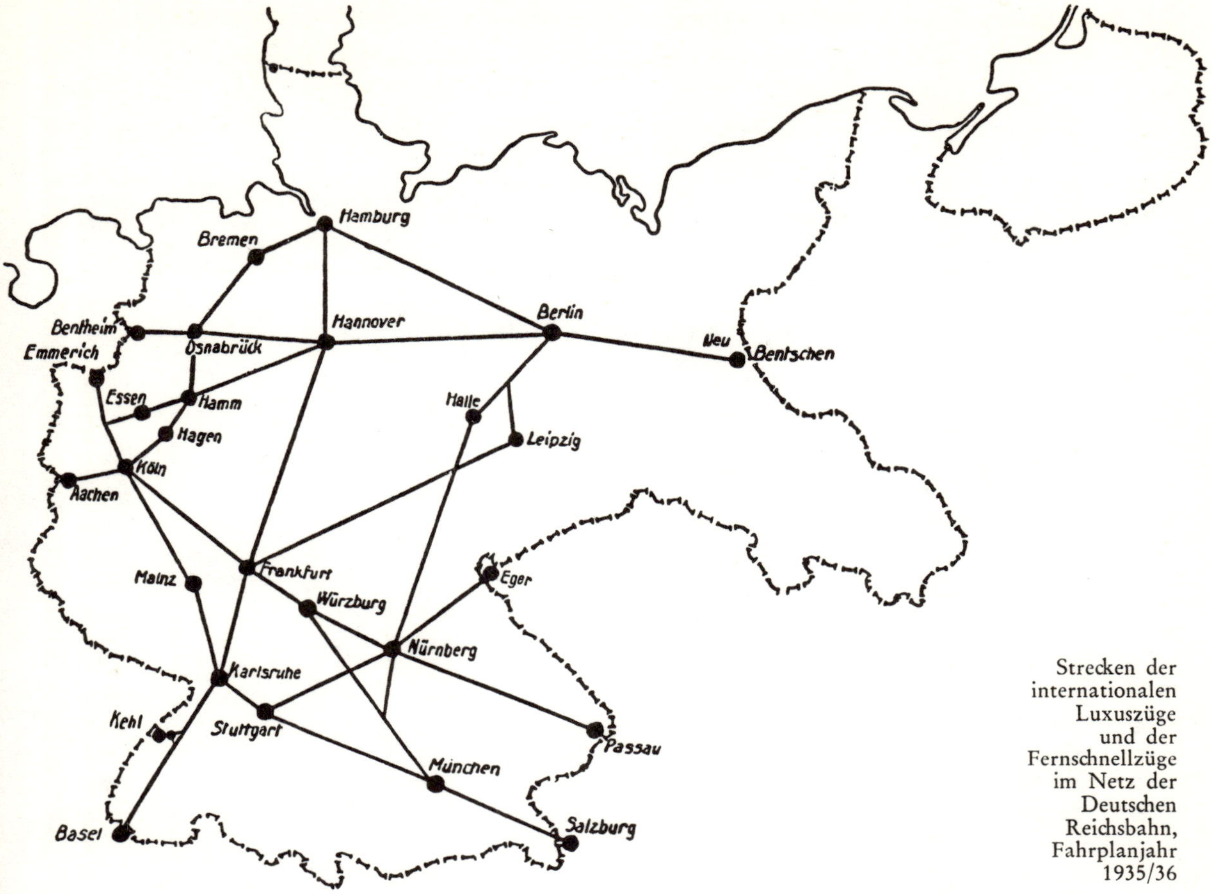

Strecken der internationalen Luxuszüge und der Fernschnellzüge im Netz der Deutschen Reichsbahn, Fahrplanjahr 1935/36

suchungswagen und die drei zweiteiligen Schnelltriebwagen ET 11 mit einem Gesamtaufwand von 13,02 Millionen Reichsmark für die 144 km lange Strecke Augsburg — Nürnberg angeschafft worden, deren Weiterführung im Rahmen der großen Verbindung Berlin — München — Kufstein über 350 km durch den Thüringer Wald nach Halle/Leipzig im Sommer 1935 beschlossen wurde. Elftausend Arbeiter sollten damit vier Jahre beschäftigt werden, sollten für 68 Millionen die ortsfesten Anlagen und für 46 Millionen Reichsmark weitere Lokomotiven und Triebwagen bauen.

Auf der Berliner S-Bahn, die etwa im Monat September 1935 von 38 933 460 Personen benutzt wurde — in Hamburg waren es 7 Millionen Menschen —, wurde der 1934 bestellte Probezug ET 125 in den Versuchsbetrieb genommen. Gegenüber den vorher beschafften Stadtbahnzügen ist durch Änderungen an den Fahrmotoren die Leistung um etwa 50 Prozent erhöht, so daß sie mit 120 km/h statt bisher 80 km/h verkehren können. Eine neue Bestellung umfaßte 44 Trieb- und 45 Beiwagen, davon zehn zweiteilige Viertelzüge in der verstärkten Ausführung für die „Bankierzüge" vom Potsdamer Fernbahnhof über Zehlendorf nach Wannsee, wo ihre hohe Fahrgeschwindigkeiten am besten ausgenutzt werden konnte. Außerdem wurden bereits 4 Wechselstromtriebwagen für den Stuttgarter Nahverkehr, 13 dreiteilige Ferntriebwagen ET 31 sowie ein Versuchsmuster für die mit Landesfrequenz elektrifizierte Höllental- und Dreiseenbahn in Auftrag gegeben. Schließlich wurde auch die Konstruktion von dreiteiligen Elektro-Schnelltriebwagen für 160 km/h baureif ausgeführt. An Wagen mit eigener Kraftquelle wurden 13 zweiteilige dieselelektrische Schnelltriebwagen „Bauart Hamburg" mit einer eingebauten Leistung von 2 × 410 PS, ferner eine größere Anzahl zweiachsiger Verbrennungstriebwagen von 135 bis 150 PS und vierachsiger Wagen von 210, 300, 410 und 420 PS Leistung nebst zugehörigen Steuer- und Beiwagen neu in Dienst gestellt. Das Streben nach Leistungssteigerung ohne wesentliche Gewichtsvermehrung führte zur Entwicklung

Tabelle 3: Die schnellsten Triebwagen und Dampfzüge der Deutschen Reichsbahn

(Züge, die im Fahrplanjahr 1935/1936 zwischen zwei aufeinanderfolgenden Halten eine mittlere Fahrgeschwindigkeit von 100 km/h und mehr erreichten)

Lfd. Nr.	Zug-Nr.	Strecke von	Strecke bis	Entfernung km	Abfahrt	Ankunft	Fahrzeit Min.	Geschwindigkeit km/h
		A. Fernschnelltriebwagen						
1	FDt 16	Berlin Zoo	Hannover	254,1	19.21	21.16	115	132,6
		Hannover	Hamm	176,4	21.17	22.42	85	124,5
		Hamm	Dortmund	31,3	22.43	22.59	16	117,4
2	FDt 571	Leipzig Hbf	Berlin A	164,4	10.30	11.46	76	129,8
		Frankfurt (M)	Erfurt	268,6	6.40	9.11	151	106,7
3	FDt 572	Berlin A	Leipzig Hbf	164,4	18.24	19.41	77	128,0
		Erfurt	Frankfurt (M)	268,6	21.00	23.29	149	108,2
		Weißenfels	Erfurt	76,6	20.13	20.58	45	102,1
4	FDt 15	Hannover	Berlin Zoo	254,1	10.09	12.09	120	127,1
		Hamm	Hannover	176,4	8.43	10.07	84	126,1
		Dortmund	Hamm	31,3	8.25	8.42	17	110,5
5	FDt 2	Berlin L	Hamburg Hbf	286,8	11.00	13.18	138	124,6
6	FDt 24[1])	Berlin L	Hamburg Hbf	286,8	18.18	20.36	138	124,6
7	FDt 1	Hamburg Hbf	Berlin L	286,8	15.16	17.36	140	122,9
8	FDt 23[1])	Hamburg Hbf	Berlin L	286,8	7.09	9.29	140	122,9
9	FDt 37[1])	Bremen	Hamburg Hbf	115,5	10.25	11.23	58	119,5
		Osnabrück	Bremen	122,1	9.22	10.24	62	118,2
		Münster	Osnabrück	50,1	8.53	9.21	28	107,4
10	FDt 38[1])	Hamburg Hbf	Bremen	115,5	19.54	20.52	58	119,5
		Bremen	Osnabrück	122,1	20.53	21.56	63	116,3
		Osnabrück	Münster	50,1	21.57	22.24	27	111,3
		B. Schnellzüge						
1	BFD 20[2])	Berlin L	Hamburg Hbf	286,8	11.00	13.28	148	116,2
2	FD 24[3])	Berlin L	Hamburg Hbf	286,8	18.06	20.41	155	111,0
3	FD 23[3])	Hamburg Hbf	Berlin L	286,8	7.25	10.02	157	109,6
4	BFD 11[2])	Hamburg Hbf	Berlin L	286,8	15.16	17.54	158	108,9
5	D 192	Breslau FB	Königszelt	48,4	9.13	9.40	27	107,6
6	D 178[3])	Potsdam	Magdeburg	115,8	8.18	9.23	65	106,9
7	FD 80	Berlin A	Halle	161,6	10.50	12.21	91	106,5
8	FD 21	Hamm	Hannover	176,4	13.31	15.21	110	105,3
		Hannover	Berlin Zoo	254,1	15.28	17.59	151	100,9
9	FD 6	Berlin A	Leipzig Hbf	164,4	9.25	10.59	94	104,9
10	FD 79	Halle	Berlin A	161,6	18.01	19.34	93	104,3
11	FD 5	Leipzig Hbf	Berlin A	164,4	19.17	20.53	96	102,8
12	D 10	Berlin A	Leipzig Hbf	164,4	9.35	11.11	96	102,8
13	FD 22	Hannover	Hamm	176,4	18.40	20.23	103	102,8
14	FD 111	Hannover	Berlin Zoo	254,1	13.40	16.10	150	101,6
15	D 177[3])	Magdeburg	Potsdam	115,8	21.12	22.21	69	100,7
16	D 32	Oppeln	Brieg	40,1	9.24	9.48	24	100,3
17	D 9	Bielefeld	Minden	46,1	1.12	1.39	27	100,2
18	D 1	Lehrte	Gardelegen	101,8	12.59	14.00	61	100,1
19	D 191	Königszelt	Breslau	48,4	17.24	17.53	29	100,1

[1]) Verkehrt ab 6. Oktober 1935 [2]) Ersatz-Dampfzug für FDt 2 bzw. FDt 1 [3]) Nur bis 5. Oktober 1935

von aufgeladenen Motoren mit 600 PS durch die Firma Maybach, die erstmalig in vier dreiteilige Schnelltriebwagen „Bauart Leipzig" eingebaut wurden; vier MAN-Auflademotoren von 560 PS wurden in vierachsigen dieselelektrischen Wagen erprobt.

Im Fernverkehr fand der Einsatz der neuen Wagen nach dem Muster des „Fliegenden Hamburgers" besondere Beachtung. Am 1. Juli 1935 wurde der Schnelltriebwagenverkehr auf der Strecke Köln — Berlin über Essen Hbf und Hannover mit dem FDt 15/16, am 15. August auf der Strecke Frankfurt a. M. — Erfurt — Leipzig — Berlin mit dem FDt 571/572 und am 6. Oktober 1935 zwischen Köln und Hamburg über Wanne-Eickel und Osnabrück mit FDt 37/38 aufgenommen. Am gleichen Tag wurde zwischen Hamburg und dem Lehrter Bahnhof in Berlin ein zweites Triebwagenpaar als FDt 23/24 eingesetzt. Den Fahrplänen dieser Züge hatte man eine Höchstgeschwindigkeit von 160 km/h zugrundegelegt, so daß auf Strecken mit wenig Tempobeschränkungen Durchschnittsgeschwindigkeiten erreicht werden konnten, die beträchtlich über den bislang von Dampfzügen erreichten Werten lagen.

Damit sind wir, dem aufmerksamen Leser wird dieser Kurswechsel nicht entgangen sein, bereits wieder auf dem Rückweg von unserem Ausflug in die Maschinentechnik. Ehe wir uns für den Rest dieses Kapitels den Alltäglichkeiten des gewöhnlichen Personenverkehrs zuwenden wollen, verweilen wir noch kurz bei den Renommierzügen der Deutschen Reichsbahn. Hierbei mag in erster Linie das Amtliche Fernkursbuch für den Sommerfahrplan 1935, das in ausgezeichnetem Nachdruck vorliegt, als Unterlage dienen. Es enthält alle großen Züge der dreißiger Jahre, mögen sie nun „Rheingold" oder „Nordexpreß", mögen sie „Fliegender Hamburger" oder auch „Orient-Expreß" heißen; die Schnelltriebwagenkurse sind mit dem Vermerk „Verkehrt erst von einem noch bekanntzugebenden Tage an" bereits enthalten. Die meisten Fernzüge waren, nachdem sie schon 1933 und 1934 erhebliche Fahrzeitverkürzungen erfahren hatten, nochmals erheblich beschleunigt worden. 1934 boten 15 Läufe von Reichsbahn-Schnellzügen zwischen zwei Halten eine mittlere Fahrgeschwindigkeit von mehr als 100 km/h; ein Jahr später war diese Zahl, wie Tabelle 3 zeigt, auf 39 Zugläufe — ohne die Ersatzdampfzüge BFD 11/20 — gesteigert. Neben diesen Spitzenreitern hatten aber auch die gewöhnlichen Schnellzüge am höheren Tempo teil, wie die Reisegeschwindigkeiten aller D-Züge auf den Strecken Berlin — Breslau (84,0 km/h, 8 Verbindungen täglich), Berlin — München (74,8 km/h; 10 Verbindungen) und Berlin — Halle (87,1 km/h, 24 Verbindungen) belegen, wo in den Werten keine FDt-Läufe enthalten sind, die den Durchschnitt aufbessern könnten.

Nicht nur auf den Fernstrecken brachten die Triebwagen 1935 den Fahrplan in Bewegung. Die bereits seit 1932 betriebene starke Verdichtung des Nahverkehrs im Ruhrgebiet ergab auf den ausgewählten Strecken so günstige Ergebnisse, daß der Plan, den gesamten Betrieb im Revier mit Ausnahme einiger besonders stark belasteter Berufszüge durch Verbrennungstriebwagen abzuwickeln, weiter verfolgt wurde. Diese Umstellung des Ruhrbezirksverkehrs konnte natürlich nur allmählich vorgenommen werden. Zum 15. Mai wurde daher zunächst auf der Köln-Mindener und der Bergisch-Märkischen Strecke zwischen Duisburg und Dortmund sowie auf zwölf weiteren Abschnitten von 380 km Gesamtlänge ein starrer Fahrplan mit Abständen von 30 und 60 Minuten eingeführt, von denen nur bei Überschneiden mit dem starken Fernverkehr in einzelnen Fällen abgewichen wurde. Nach der neuen Regelung fuhren auf den Hauptstrecken nun 160 „Ruhrschnellverkehrszüge". Sie wurden im letzten Viertel des Jahres bereits zu einem gewissen Teil aus vierachsigen dieselelektrischen Triebwagen zu 410 und 420 PS Leistung gebildet, die frisch aus den Fabriken gekommen waren. Bis alle benötigten Triebwagen angeliefert waren, wurden zahlreiche Ruhrbezirkszüge noch als kleine Dampfzüge gefahren; später wurde das Programm auch wegen des Mangels an Dieseltreibstoff wieder gestreckt.

Einen ähnlichen Betrieb unterhielt auch die Reichsbahndirektion Frankfurt a. M. im Rhein-Main-Gebiet, wo Bezirkseilzüge und beschleunigt durchgeführte kleine Personenzüge in alle Richtungen eingesetzt wurden, 1935 ebenfalls unter vermehrter Verwendung neuer Triebwagen von 410/420 PS und von 300 PS. Die vierachsigen 210-PS-Wagen sowie die kleinen zweiachsigen Modelle fanden in Ostpreußen und Sachsen, auch bei Regensburg und Nürnberg auf Nebenbahnen ihr Betätigungsfeld.

Tabelle 4: Darstellung des Fahrzeug

(Stand am

1	2	3	4	5	6	7	8	9	10	11	12	13
						elektrische Triebwagen für Fahrleitungen		Triebwagen mit eigener Kraftquelle				
Nr.	Reichsbahndirektion	Dampflokomotiven	Lokomotiven mit Verbrennungsmotoren	elektrische Lokomotiven	Kleinlokomotiven	Triebwagen für Oberleitung¹)	Triebwagen für Stromschiene¹)	Dampftriebwagen¹)	Triebwagen mit Verbrenn.-mot.¹)	Speichertriebwagen¹)	Gesamtzahl der Lokomotiven (ohne Kleinlok) u. Triebwagen (Sp. 3–5 u. 7–11)	Schiffe
		Stück										
	a. Vollspur											
1	Altona	939	—	2	27	145	—	—	12	2	1 100	3
2	Augsburg	308	—	36	25	4	—	—	5	4	357	15
3	Berlin	794	1	1	24	—	773	—	17	2	1 588	—
4	Breslau	894	—	90	41	30	—	—	9	7	1 030	—
5	Dresden	1 160	—	—	87	—	—	—	14	—	1 174	—
6	Erfurt	770	—	—	43	—	—	—	1	5	776	—
7	Essen	1 243	—	—	15	—	—	—	13	16	1 272	—
8	Frankfurt (Main) . . .	829	—	—	15	—	—	—	7	7	843	—
9	Halle	1 219	—	68	88	5	—	—	11	23	1 326	—
10	Hannover	1 459	—	17	63	2	—	—	7	16	1 501	2
11	Karlsruhe	797	—	12	33	2	—	11	10	4	836	14
12	Kassel	786	—	—	55	—	—	2	4	9	801	—
13	Köln	1 011	—	—	26	—	—	—	17	8	1 036	—
14	Königsberg	460	1	—	35	—	—	—	8	15	484	—
15	Ludwigshafen . . .	318	—	—	43	—	—	—	3	4	325	—
16	Mainz	523	—	—	20	—	—	—	12	13	548	—
17	München	394	—	171	30	46	—	—	6	18	635	—
18	Münster	771	—	—	88	—	—	—	17	4	792	2
19	Nürnberg	711	—	12	17	7	—	—	28	5	763	8
20	Oppeln	456	—	—	11	—	—	—	5	—	461	—
21	Osten	562	—	—	34	—	—	—	11	8	581	—
22	Regensburg	498	—	21	22	—	—	—	30	—	549	—
23	Saarbrücken	653	—	—	10	—	—	—	23	6	682	—
24	Schwerin	210	—	—	11	—	—	—	9	—	219	2
25	Stettin	657	—	—	50	—	—	—	17	9	683	9
26	Stuttgart	613	1	52	21	28	—	2	10	1	707	9
27	Wuppertal	905	—	—	59	—	—	—	10	—	915	—
28	Reichsb.-Zentralamt f. E.	—	—	—	—	—	—	—	—	—	—	—
29	zusammen Vollspur .	19 940	3	482	993	269	773	15	316	186	21 984	64
	b. Schmalspur											
30	Dresden	156	—	2	—	2	—	—	—	—	160	—
31	Erfurt	6	—	—	—	—	—	—	—	—	6	—
32	Karlsruhe	4	—	—	—	—	—	—	—	—	4	—
33	Ludwigshafen . . .	16	—	—	—	—	—	—	—	—	16	—
34	Münster	4	—	—	—	—	—	—	—	—	4	—
35	Oppeln	22	—	—	—	—	—	—	—	—	22	—
36	Schwerin	8	—	—	—	—	—	—	—	—	8	—
37	Stuttgart	20	—	—	—	—	—	—	—	—	20	—
38	zusammen Schmalspur	236	—	2	—	2	—	—	—	—	240	—
39	**zusammen Vollspur und Schmalspur** . .	20 176	3	484	993	271	773	15	316	186	22 224	64

¹) Hier sind die Triebwagen nach Einheiten ohne die Steuerwagen und Beiwagen nachgewiesen. – ²) die dem Deutschen Reiche

bestandes nach Reichsbahndirektionen

31. Dezember 1935)

14	15	16	17	18	19	20	21	22	23	24	25	26	27	28	29	1
Wagen												Rollschemel		Straßenkraftfahrzeuge		Nr.
Personenwagen		Gepäckwagen		Güterwagen				Bahndienstwagen		Gesamtzahl der Wagen				mit 10 Plätzen und mehr zur Personen-	mit 1,5 t Nutzlast und mehr zur Güterbeförderung	
				gedeckte		offene										
Stück	Achsen	Stück	Achsen	Stück	Achsen	Stück	Achsen	Stück	Achsen	Stück	Achsen	Paar	Achs.	Stück³)		
3 130	9 637	952	2 361	—	—	—	—	771	1 837	4 853	13 835	—	—	—	78	1
687	1 858	281	627	—	—	—	—	174	386	1 142	2 871	—	—	—	88	2
1 898	5 817	679	1 465	—	—	—	—	1 038	2 408	3 615	9 690	—	—	2	175	3
2 864	8 008	987	2 337	—	—	—	—	762	1 825	4 613	12 170	—	—	1	101	4
3 888	10 517	960	2 298	—	—	—	—	808	1 821	5 656	14 636	—	—	1	91	5
1 933	5 246	712	1 624	—	—	—	—	505	1 198	3 150	8 068	—	—	—	60	6
2 615	7 849	1 175	2 644	—	—	—	—	731	1 658	4 521	12 151	—	—	—	39	7
2 711	7 900	791	1 930	—	—	—	—	490	1 153	3 992	10 983	—	—	7	111	8
4 428	13 077	1 414	3 391	—	—	—	—	777	1 915	6 619	18 383	—	—	—	150	9
3 920	11 804	1 492	3 598	—	—	—	—	1 804	4 008	7 216	19 410	—	—	—	49	10
2 414	6 270	814	1 915	—	—	—	—	506	1 153	3 734	9 338	—	—	—	71	11
1 473	4 188	825	1 869	—	—	—	—	462	1 115	2 760	7 172	—	—	12	68	12
2 708	8 097	926	2 265	—	—	—	—	862	1 959	4 496	12 321	—	—	2	113	13
1 431	3 970	469	1 051	—	—	—	—	446	1 163	2 346	6 184	—	—	—	76	14
985	2 799	276	657	—	—	—	—	185	433	1 446	3 889	—	—	—	30	15
2 045	5 948	634	1 562	—	—	—	—	357	835	3 036	8 345	—	—	15	93	16
2 269	6 773	671	1 656	—	—	—	—	353	823	3 293	9 252	—	—	6	68	17
1 823	5 237	706	1 663	—	—	—	—	413	965	2 942	7 865	—	—	—	99	18
1 758	4 785	686	1 529	—	—	—	—	364	812	2 808	7 126	—	—	—	54	19
1 082	3 076	558	1 258	2) 2 646	5 294	2) 16 505	33 234	524	1 219	21 315	44 081	—	—	—	46	20
1 776	5 330	660	1 569	—	—	—	—	398	978	2 834	7 877	—	—	—	33	21
937	2 317	390	850	—	—	—	—	286	651	1 613	3 818	—	—	—	68	22
1 831	5 242	552	1 239	—	—	—	—	416	927	2 799	7 408	—	—	—	39	23
617	1 762	170	413	—	—	—	—	146	361	933	2 536	—	—	—	16	24
2 494	7 484	685	1 682	—	—	—	—	614	1 524	3 793	10 690	—	—	—	30	25
2 987	7 739	723	1 823	—	—	—	—	563	1 247	4 273	10 809	—	—	—	92	26
2 801	8 238	935	2 298	—	—	—	—	554	1 327	4 290	11 863	—	—	—	174	27
—	—	—	—	208 816	418 592	347 434	719 565	—	—	556 250	1 138 157	—	—	—	5	28
9 505	170 968	20 123	47 574	211 462	423 886	363 939	752 799	15 309	35 701	670 338	1 430 928	—	—	46	2 117	29
581	2 324	128	458	631	2 410	1 201	3 736	1 002	4 412	3 543	13 340	40	160	—	—	30
20	80	6	24	28	108	87	290	20	76	161	578	—	—	—	—	31
8	16	3	6	8	22	17	48	10	40	46	132	—	—	—	—	32
89	182	20	40	42	84	93	186	45	174	289	666	—	—	—	—	33
15	46	2	8	4	16	18	62	1	2	40	134	—	—	—	—	34
1	2	—	—	30	60	2 417	4 834	57	114	2 505	5 010	—	—	—	—	35
32	128	4	16	23	92	60	164	2	6	121	406	—	—	—	—	36
92	206	17	34	41	125	47	142	3	6	200	513	179	716	—	—	37
838	2 984	180	586	807	2 917	3 940	9 462	1 140	4 830	6 905	20 779	219	876	—	—	38
0 343	173 952	20 303	48 160	212 269	426 803	367 897	762 261	16 449	40 531	677 243	1 451 707	219	876	46	2 117	39

ehörigen deutsch-oberschlesischen Güterwagen. — ³) Hier sind nur die Kraftwagen ohne die Anhänger nachgewiesen.

Überhaupt, die Nebenstrecken! Wer bedenkt denn, daß von den 53 900 km Betriebslänge allein 22 900 km auf vollspurige Nebenbahnen entfielen? Hier fuhren die Lokpersonale auf einem Fünftel der Gleise höchstens mit 40 km/h, auf drei Fünfteln mit 45 oder 50 km/h, auf einem weiteren Fünftel der Strekken auch bis zu 60 km/h. Für höhere Geschwindigkeiten waren 230 km Streckenlänge zugelassen. Auf diesen abgelegenen Linien wurde 1935 der Konkurrenzkampf gegen die 795 775 Personenkraftwagen, 244 258 Lastwagen, 13 952 Omnibusse und eine Million von Motorrädern geführt, die auf den Landstraßen des Reiches unterwegs waren, und hier versuchte die Reichsbahn durch die Anhebung der Fahrgeschwindigkeit, Vereinfachung der Abfertigung und den Einsatz billiger Triebwagen, sich ihren Verkehr zu erhalten. Nicht von ungefähr wurde auch die Entwicklung der Dampftriebwagen und so leichter Lokomotiven wie der Baureihe 71 vorangetrieben, wurden die größten Serien von Einheitslokomotiven in den Reihen 64 und 86 gezählt, und nicht ohne Grund begegnen uns an der Seite dieser Nebenbahnmaschinen so viele Reichsbahn-Kraftwagen in den Beschaffungsplänen und auch bei den Jubiläumsfeierlichkeiten in Nürnberg.

Damit ist ein Stichwort gefallen, dessen Bedeutung uns in den folgenden Kapiteln beschäftigen wird: Wie sah sich die Deutsche Reichsbahn selbst, wie zeigte sie den Bediensteten und der Öffentlichkeit ihre Zukunftspläne, und wie wollte sie angesehen werden?

40 Jahre nach dem Zeitgeschehen von 1935 ist manches, das damals bei der Eisenbahn im Vordergrund stand, zu Recht vergessen; bei anderen Ereignissen hingegen ist es auch heute noch reizvoll, sie aus der Entfernung wieder zu betrachten. So können wir uns keinen sachkundigeren Bericht über den technischen Stand der Lokomotivkonstruktion im Jahre 1935 wünschen, als ihn die Deutsche Reichsbahn-Gesellschaft selbst zusammenstellte, indem sie anläßlich des Jubiläums „100 Jahre Deutsche Eisenbahnen“ eine große Ausstellung ihrer modernsten Fahrzeuge plante. Versetzen wir uns in Gedanken einmal in jene turbulenten Tage, als der Direktor der Maschinentechnischen Abteilung in der Hauptverwaltung, Dr.-Ing. E. h. Richard Anger, in seinem Arbeitszimmer am Wilhelmplatz in Berlin auf Veranlassung des Generaldirektors Dorpmüller eine erste Besprechung mit den wichtigsten Dezernenten abhielt, sehen wir dann die vielfältigen Vorbereitungen in den Amtsstuben, Bahnwerkstätten und Fabrikhallen.

Für die Ingenieure im Zentralamt und in der Hauptverwaltung hat diese Jubiläumsschau, die ein Jahrzehnt nach der großen Eisenbahntechnischen Ausstellung von Seddin (1924) und der Verkehrsausstellung in München (1925) durchgeführt wird, eine besondere Bedeutung, soll sie doch den Kollegen in aller Welt einen Überblick des technischen Leistungsstandes gewähren, den die Reichsbahn durch ihre Arbeit inzwischen erreicht hat. Waren in Seddin, nur kurze Zeit nach der Zusammenfassung der Länderbahnen in der Verwaltung des Reiches, überwiegend neue Lieferungen schon bekannter Baumuster, ferner Prototypen und Exportmodelle der Industrie gezeigt worden, so soll Nürnberg den Gästen ausschließlich mit Konstruktionen aus den Zeichensälen der Reichsbahn selbst aufwarten. Schon seit mehreren Monaten steuern die Abnahmebeamten, Werksleiter und die vielen Arbeiter darauf hin, bis zum vereinbarten Termin im Juli 1935 von sämtlichen in der jüngsten Zeit bestellten Entwürfen zumindest ein Vorausexemplar anzuliefern: Im März übergibt Borsig die Schnellfahrlok 05 001 an die Reichsbahn, im April setzt die Wumag in Görlitz den ersten Schnelltriebwagen der Serienlieferung „Hamburg“ (SVT 137 149) zur Reichsbahndirektion Berlin in Marsch, Ende Mai dampft bei Henschel die Lokomotive 61 001 aus dem Werkstor durch die Straßen von Kassel, um den eigens für sie angefertigten Wagenzug bei der Waggonfabrik Wegmann abzuholen, im Juni nimmt die Elektrolok E 18 01 beim Betriebswerk München den Versuchsdienst vor dem Meßwagen auf. Erst im Juli 1935, kaum bahnamtlich abgenommen, gelangen auch der dreiteilige Schnelltriebwagen vom „Typ Leipzig“ (SVT 137 153) und der Oberleitungstriebwagen el T 1900 im Schlepp von Dampflokomotiven nach Nürnberg, um bei der großen Schau dabeizusein. Noch größere Schwierigkeiten hat die Heidelberger Waggonfabrik Fuchs, die eigentlich mit zwei Exponaten beteiligt wer-

1 Alle deutschen Zeitschriften bringen im Sommer 1935 Beiträge zum Jubiläum der Eisenbahn.

JLLUSTRIRTE
ZEITUNG
05 001
100 Jahre
KNABE
DEUTSCHE EISENBAHNEN

Bildbogen zum Ersten Kapitel: Die Deutsche Reichsbahn im Jahre 1935

Die schnellste Lokomotive der Welt entsteht — Dampfzüge und Schnelltriebwagen — Neue Lokomotiven werden abgeliefert — Ein Eisenbahnunglück

2 Anlauf zur ersten Probefahrt, noch ohne Stromschale, im Januar 1935.

3 Auf einer S-Bahn-Strecke im Berliner Norden.

4 Die Klappen über dem Triebwerk werden verschlossen.

5 Anfang März dampft die frischlackierte Lok aus den Werkshallen.

6 Spiegelblank präsentiert sie sich den Fotografen.

05 001

05 001

7 Am 31. Mai 1935 werden die Stromlinienlok 61 001 und der Henschel-Wegmann-Zug an die Reichsbahn abgegeben.

8 Der neue Schnelltriebwagen „Typ Hamburg", nach dem Vorbild des „Fliegenden Hamburgers" entwickelt, wird 1935 in 13 Exemplaren beschafft.

9/10 Fahrgastraum und Anrichte im zweiteiligen Schnelltriebwagen.

11 Der dreiteilige Schnelltriebwagen „Typ Leipzig" vor dem neuen Hauptbahnhof von Liegnitz. Höchstgeschwindigkeit 160 km/h.

E93 01

E18 01

E04 21

12 Die schweren elektrischen Güterzuglokomotiven E 93 werden vornehmlich auf der Geislinger Steige eingesetzt.

13 Elektrischer Eiltriebwagen el T 1821, spätere Baureihe ET 25, für Hauptbahnverkehr mit 120 km/h.

14 Schwere elektrische Schnellzuglokomotive E 18 01, geliefert im Juni 1935.

Links und rechts des Montagemeisters stehen die AEG-Ingenieure Sandner und Balke.

15 Vor der Ausfahrt des ersten elektrischen Zuges von Augsburg nach Nürnberg am 10. Mai 1935; Lokomotive E 04 21.

16 Einbruch eines Bauabschnitts beim Bau der Berliner Nord-Süd-S-Bahn nahe dem Brandenburger Tor am 20. August 1935, bei dem 19 Arbeiter nur noch tot geborgen wurden.

17 Diesel-hydraulische Großlokomotive V 16 101, spätere V 140 001, verläßt am 7. Juli 1935 zum erstenmal die Werkshallen von Krauss-Maffei in München.

18 Vor der Abfahrt von Allach zur Nürnberger Ausstellung am 13. Juli; siehe auch den Reisebericht im 1. Kapitel.

19 (nächste Seite) Titelblatt des Reichsbahn-Kalenders 1935.

Deutscher-Reichsbahn-Kalender
1 9 3 5
WIERTZ

den sollte. Sie konnte jedoch ihren schnittigen Aussichtstriebwagen mit Rollverdeck und Unterflur-Dieselmotoren (VT 137 240) nicht mehr rechtzeitig vollenden, den sie neben dem gemeinsam mit der AEG entwickelten elektrischen Aussichtstriebwagen el T 1998 aufzustellen beabsichtigte.

Dagegen trifft aus München mit dem Fernschreiber die Nachricht ein, daß man bei Krauss-Maffei letzte Hand an die dieselhydraulische Großlokomotive V 16 101 legt. Aus der Feder des Technischen Reichsbahn-Oberinspektors Hanns Reutter vom Reichsbahn-Zentralamt München besitzen wir eine lebendige Schilderung jener fieberhaften Atmosphäre, in der damals Konstrukteure und Arbeiter gleichermaßen wirkten:

„Die Hauptverwaltung der Deutschen Reichsbahn stellte dem Reichsbahn-Zentralamt München im vorigen Jahre die Aufgabe, eine Diesellokomotive mit Turbogetriebe nach folgenden Gesichtspunkten zu entwickeln: Die Lokomotive sollte bei 15 t Achsdruck und 45 km/h Höchstgeschwindigkeit auf Nebenbahnen, bei denen der Personenverkehr mit Triebwagen durchgeführt wird, Güterzüge befördern; dabei sollte sie in der Lage sein, in der Steigung 1 : 100 noch 500 t mit 30 km/h zu schleppen. Sie sollte aber auch auf Hauptbahnen übergehen und dort Personenzüge bis zu 100 km/h fahren können. Außerdem sollte sie Züge schieben und daher mit Fernsteuerung ausgerüstet sein.

Diese Aufgabe wurde vom Reichsbahn-Zentralamt München mit Begeisterung aufgenommen. Nach Anordnung der Hauptverwaltung sollte der Fahrzeugteil von der Lokomotivfabrik Krauss-Maffei, die Motoren von der Maschinenfabrik Augsburg-Nürnberg und das Getriebe von der Firma Voith in Heidenheim hergestellt werden. Die Entwicklung der elektrischen Anlage wurde der Firma Brown Boveri & Cie. AG. in Mannheim übertragen. Die Motoren der Maschinenfabrik Augsburg-Nürnberg wurden gewählt, da sie sich in Schiffen und Triebwagen bereits gut bewährt hatten. Mit dem Turbogetriebe der Firma Voith lagen zunächst bei Leistungen bis 200 PS in Triebwagen sehr gute Erfahrungen vor. Nach eingehender Prüfung wurde für den Antriebsmotor eine Höchstleistung von 1400 PS und für den Motor der Hilfsbetriebe eine solche von 120 PS gewählt. Für den Getriebeteil wurden ein Drehmomentwandler bis 48 km/h, eine Flüssigkeitskupplung bis 70 km/h und eine zweite bis 100 km/h vorgesehen. Als Triebwerksanordnung entschied man sich für die Achsfolge 1C1 mit Antrieb der mittleren Kuppelachsen von einer Blindwelle aus, weil dadurch ein ruhiger Lauf nach beiden Richtungen auch bei 100 km/h gewährleistet ist. Um das Fahrzeug auch für den Leigverkehr verwenden zu können, sollten die beiderseitigen Stirnwände Türen und Übergangsbrükken erhalten.

Hier soll nun nicht die Bauart der Lokomotive beschrieben werden, denn das geschieht an anderer Stelle (Organ für die Fortschritte des Eisenbahnwesens und VDI-Zeitschrift), sondern es soll geschildert werden, wie die Lokomotive entstanden ist.

Schon wenige Wochen nach der Auftragserteilung durch die Hauptverwaltung konnte ein Vorentwurf vorgelegt werden, der eine brauchbare und betriebssichere Lokomotive erwarten ließ. Am 4. November 1934 lief die Genehmigung der Hauptverwaltung zum Bau der Lokomotive beim Reichsbahn-Zentralamt München ein. Schon am 7. November 1934 gab das Reichsbahn-Zentralamt München den Auftrag an die Lokomotivfabrik Krauss-Maffei als Generalunternehmer weiter. Da vorgeschrieben war, daß die Lokomotive bis zur Ausstellung „100 Jahre deutsche Eisenbahnen" fertiggestellt sein sollte und dementsprechend nur acht Monate Bauzeit zur Verfügung standen, war man sich darüber klar, daß nur durch intensivste Zusammenarbeit und festen Willen aller Beteiligten das Ziel erreicht werden konnte. Bürokratische Hemmungen mußten ausschalten und langatmiger und vielfach zu Mißverständnissen führender Schriftwechsel vermieden werden.

Auf Teilbesprechungen mit einzelnen Firmen mußte ebenfalls verzichtet werden. Infolgedessen wurden, abgesehen von Fragen untergeordneter Bedeutung, nur Besprechungen mit allen Beteiligten gehalten, deren Inhalt schriftlich festgelegt und den Firmen übersandt wurde. Vom unvermeidlichen Schriftverkehr der Firmen untereinander erhielt das Reichsbahn-Zentralamt München Abschrift.

Die beteiligten Ingenieure, Kaufleute und Arbeiter waren prachtvolle Menschen. Ein jeder war nicht nur mit Lust und Liebe bei der Arbeit, sondern auch sonst ein ganzer Kerl. Unverdrossen schaffte ein jeder weit über das

Maß seiner üblichen Pflicht, unempfindlich war jeder gegen einen manchmal rauhen aber herzlichen Ton. Ein solcher wurde höchstens ebenso rauh erwidert; übel genommen wurde nichts. So schritt die Arbeit, meist mit „Dampf", rüstig fort.

Schon glaubte man, die Lokomotive nach 6½ Monaten fertigstellen zu können. Doch das Schicksal wollte es anders. Es traten Lieferschwierigkeiten bei den benötigten Baustoffen auf; sie konnten, wenn auch mit Zeitverlust, überwunden werden. Dann kamen wieder andere Schwierigkeiten: Zahnkränze rissen beim Härten, Härterisse traten während des Versandes auf. Elastisch wurden andere Maßnahmen getroffen und alle Schwierigkeiten gemeistert. Die Firmen wurden gebeten, angefleht, bedroht; sie lieferten und lieferten manchmal auch nicht.

Trotz aller dieser Hindernisse bildete sich aber doch aus den Einzelheiten die Lokomotive heraus. Und nun lag die ganze Verantwortung bei Krauß-Maffei. Die Zeichnungen mußten heraus, die übrigen Teile rechtzeitig fertig sein. Selten wohl sah man Arbeiter Besseres geben. Jeder Einzelne gab, was er geben konnte. Sie wußten, daß sie hier etwas völlig Neues schufen, ein Erstmaliges, das auch in der übrigen Welt mit Aufmerksamkeit verfolgt wurde. Haben sich doch verschiedene Ausländer nach dem Werk erkundigt, von dem sie wohl durch die Rede des Generaldirektors vor der Technischen Hochschule in Hannover erfahren hatten.

Endlich am 7. Juli 1935, abends, war es so weit. Es war ein Sonntag! Der Hilfsmotor lief, der Hauptmotor arbeitete, der Lüfter brummte, alles, was sich bewegen sollte, bewegte sich. Schließlich auch die ganze Lokomotive, als man die Fahrkurbel drehte (Bild 17). Langsam nur durfte man auf dem Werkhof hin und her fahren, denn vier Drehscheiben lagen in der Gleisstrecke. Die Freude war riesengroß, wenn auch der Hauptmotor noch nicht eingeregelt war und doppelt so schnell im Leerlauf lief, als er es sollte, wenn es auch schien, als ob sich der Hilfsmotor von seiner Gummiunterlage trennen wollte und alle Wände erzittern ließ, weil man in der Eile vergessen hatte, Gegengewichte für den Kolben des Anlaßluftpressers anzubringen. Aber das waren ja schließlich nur Kleinigkeiten; die Hauptsache war, daß sich die Lokomotive bewegt, und zwar herrlich ruhig bewegt hatte. Schon schwärmte alles von der Probefahrt nach Bayrischzell, die man vorausschauenderweise festgesetzt hatte. Noch in der Nacht hatte der Fernsprecher zu tun, um die nicht anwesend gewesenen Ingenieure der einzelnen Firmen herbeizuholen.

Der Morgen kam. Erwartungsvoll standen große und kleine Beteiligte am Holzkirchner Bahnhof und warteten. Sie warteten eine halbe Stunde und noch eine. Die Mitteilung kam, die Lokomotive stehe noch im Bahnhof Allach am Stellwerk und werde gleich abfahren. Wieder verging eine halbe Stunde, ohne daß die Lokomotive eingelaufen war. Endlich kam die Absage der Probefahrt. Was war geschehen? Hier sei nur die Tatsache gemeldet, daß ein Rollenlager der Wendewelle zertrümmert war; der sonstige Schaden schien beträchtlich. Dumpfe Verzweiflung auf allen Seiten. Nun mußte die Lokomotive doch noch als Attrappe nach Nürnberg. Alle Mühe und Arbeit war umsonst. Was an Zeit übrigblieb, das waren vier Tage, und dabei war die Lokomotive noch nicht einmal fertig gespachtelt und viel weniger gestrichen und lackiert. Außerdem wußte man schon seit acht Tagen, daß die Firma Kugelfischer in Schweinfurt keine Lager mehr hatte. Also Schluß, fort mit der Gefühlsduselei. Es ging nicht mehr.

Doch da war einer, der meinte — vielleicht selbst nicht ganz so ernst — zu einem anderen: „Man sollte es doch noch einmal probieren, vielleicht geht es doch noch." Der Vorschlag wurde aufgegriffen, man besah sich nochmals alles und sah, daß der Schaden ja Gott sei Dank nur gering war und daß es klappen würde, wenn man ein Lager auftreiben könnte. Nochmals wurde überlegt; — ja, es mußte gehen! — Während die Leute an den Ausbau der Wendewelle gingen, wurde ein Ferngespräch nach Schweinfurt angemeldet. Dann ging's in die Kantine, wo bei einem frischen Glas Weißbier beratschlagt wurde. Inzwischen kam die frohe Kunde von Kugelfischer, daß wider Erwarten doch noch einige Lager verhanden seien. Sie wurden sofort bestellt; schon am nächsten Morgen trafen sie als Expreßgut mit dem Richtmeister ein. Nun ging es erneut ans Werken. Die Maschinenfabrik Augsburg-Nürnberg lieferte noch die Gegengewichte für den Anlaßluftpresser; sie wurden gleich eingebaut, und jetzt lief der Hilfsmotor ruhig. Doch noch einmal kam ein Rückschlag, ein Lager des Luftpressers lief heiß, aber auch dieser Schaden wurde schnell behoben. Unterdessen war die Lokomotive auch gespachtelt, gestrichen und lackiert. Nach dem Zusammenbau der Wendewelle wurde sie wieder in das Getriebe eingesetzt. Dies geschah am Samstag, dem 13. Juli 1935, morgens um 4 Uhr. So bitter die Verzögerung auf der einen Seite war, so gut war sie auf der anderen Seite; alle noch unvollendeten Arbeiten konnten beendet werden.

Am Vortage hatte sich der Überführungsfahrt noch ein anderes Hindernis entgegengestellt. Man hatte von verantwortlicher Seite gegen die Fahrt nach Nürnberg mit eigener Kraft ohne vorausgegangene Probefahrt schwere betriebliche Bedenken, die auch durch die Zuversicht der Beteiligten nicht ganz überwunden werden konnte. Schließlich gelang es aber doch, zu einer befriedigenden Einigung zu kommen. Eine Dampflokomotive sollte nicht, wie zuerst vorgesehen, im Blockabstand fahren, sondern von der Diesellokomotive als Belastung mitgenommen werden, damit bei Schäden auf keinen Fall die Strecke gesperrt würde (Bild 18). Sollte bis Ingolstadt alles gut gehen, so dürfte die Lokomotive allein fahren. Alles wurde treu und brav versprochen und auch gehalten.
Die große Stunde kam. Doch als man anfahren wollte, bewegte sich die Lokomotive nicht. Was war die Ursache? Alle Monteure und Ingenieure sprangen und suchten. Eine kleine Sicherung war bei Nacht irrtümlicherweise ausgebaut und nicht wieder eingebaut worden. Eine kleine Ursache, aber doch noch einmal eine große Enttäuschung für alle Beteiligten. Nachdem die Sicherung wieder eingebaut war, ging von jetzt ab alles wie am Schnürchen. Bei der Ankunft der Lokomotive

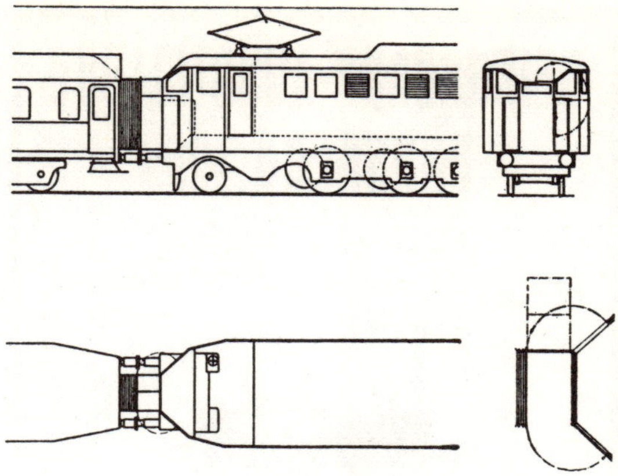

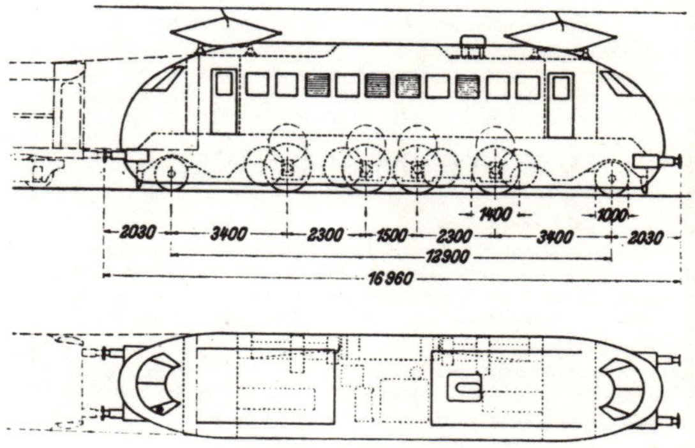

Studie zur Verbindung der schnellfahrenden Elektrolok E 18 mit dem Zug durch Einbau von Mehrfachklappen. Darunter ein nicht zur Ausführung gelangter Entwurf zur E 18.

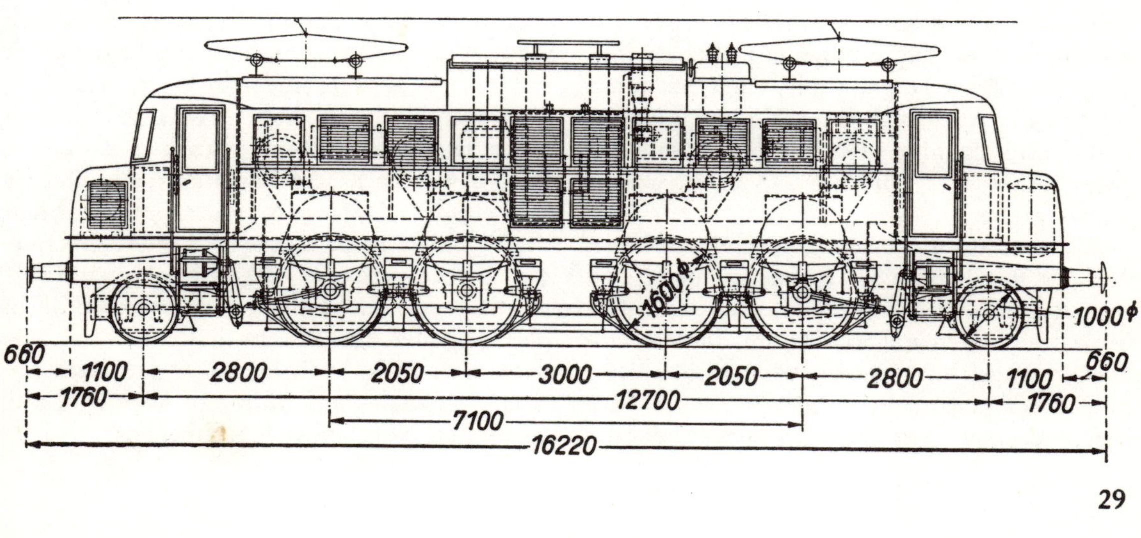

Vorletzter Entwurf der AEG zur Elektrolokomotive E 18, auf dem die endgültige Ausführung beruht.

Anzeige der Reichsbahndirektion Nürnberg im amtlichen Führer für den Reichsparteitag 1935.

im Bahnhof Allach strahlten die Gesichter aller vor Freude; nur die, die zurückbleiben mußten, waren traurig. Photoapparate wurden gezückt, Scherze ausgetauscht. Rasch waren der Eilzugwagen und die Dampflokomotive angekuppelt und die Bremse erprobt. Endlich ging's los. Zwar langsam nur, denn erst mußten sich die Achs- und Stangenlager einlaufen. Auf jedem Bahnhof wurde gehalten und geprüft. Alles war gut, die Zuversicht wurde immer größer.

Während die auf der Lokomotive postierten Männer mit Ernst und Aufmerksamkeit und mit Augen und Ohren alle sich drehenden Teile beobachteten, herrschte im dahinterlaufenden Wagen eitel Freude, wozu nicht zuletzt auch der Treibstoff in Form von zwei Kasten Bier und einer Kiste Zigarren beitrug, die der Betriebsdirektor der Firma Krauß-Maffei für die schweißtriefenden Ingenieure und Monteure gestiftet hatte. Allmählich wurde die Fahrt schneller. Im Wagen merkte man nicht, daß er von einer Diesellokomotive gezogen wurde. Es war wie beim elektrischen Zugbetrieb. Auch in dem geschlossenen Führerstand konnte man sich gut unterhalten. Nur im Maschinenraum machten sich die Motoren etwas bemerkbar.

Was war nun schon wieder? Die Kühlwassertemperatur war gestiegen! War der Kühler zu schwach bemessen? Er war aber ganz kalt. Es konnte nichts gefunden werden, vielleicht waren die Leitungen zu eng. Weiter ging's. Doch vor Ingolstadt wurde das Wasser so heiß, daß es anfing zu dampfen. Nun war es doch gut, daß die Dampflokomotive dabei war. Sie schob uns in den Bahnhof. Dort wurde von neuen untersucht: Ein Schieber war fälschlicherweise offen geblieben oder geöffnet worden. Der Mangel wurde behoben, das verdampfte Wasser ergänzt und eine kurze Mittagspause eingelegt. Dann ging es wieder los.

Auf einem Steg über dem Bahnhof standen heimkehrende Arbeiter und bestaunten die neue „elektrische Lokomotive ohne Stromabnehmer", für die sie gehalten wurde.

Mit 60 und 70 km ging die Fahrt weiter. Die Maschine lief herrlich ruhig. Die Leistung des Motors wurde gesteigert, die Geschwindigkeit gestoppt, weil das Anzeigegerät noch nicht abgestimmt war. 80 km/h, 90 km/h und jetzt kam der Ruf 100 km/h — die Höchstgeschwindigkeit. Die Lokomotive lief ruhig — wie ein D-Zug-Wagen — die Kühlwassertemperatur war jetzt in Ordnung. Nürnberg kam immer näher und wurde mit 80 und 90 km/h auch fahrplanmäßig erreicht, trotz der anfänglichen langsamen Fahrt und der Pause in Ingolstadt. Vom Bahnbetriebswerk Nürnberg Rangierbahnhof wurde dann die Lokomotive mit einer Verschiebelokomotive in das Ausstellungsgelände überführt. Was so mancher nicht glauben wollte, war geschehen, die Lokomotive war nach acht Monaten fertig und ist mit eigener Kraft nach Nürnberg gefahren, dank einer vorbildlichen Arbeitskameradschaft. Aber alle, die mitgewirkt hatten, fühlten das auch, und deshalb war es verständlich, daß ein jeder den Wunsch hatte, mit den anderen diesen denkwürdigen Tag zu feiern.

Dies geschah dann auch am Abend im altbekannten Nürnberger Mauthkeller."

Zweites Kapitel:
Die Nürnberger Jubiläumsschau im Sommer 1935

Große Feierlichkeiten — Das umgebaute Verkehrsmuseum — Die Eröffnungszeremonie — Ein Gang durch die Ausstellung — Zwölf Räume mit Bildern und Modellen — Die ausgestellten Dampflokomotiven — Welche Maschine fährt am schnellsten? — Motorlokomotiven und Triebwagen — Neue Personenwagen — Elektrische Fahrzeuge — Güterwagen, Kräne und Lastkraftwagen — Auch der Oberbau ist verbessert — Zwei Fahrzeuge werden im Betrieb gezeigt — Eine Runde mit dem „Adler" — Bilanz der Ausstellung im Oktober

Am selben Tage, an dem die neue Motorlokomotive noch von München nach Franken unterwegs war, fand in Nürnberg das Jubiläumsjahr der deutschen Eisenbahnen bereits einen würdigen Auftakt: Zunächst stellten sich am Sonnabendvormittag des 13. Juli 1935 in der Vorhalle des Verkehrsmuseums eine große Anzahl Eisenbahner des Reichsbahndirektionsbezirks, unter ihnen viele kriegsbeschädigte Arbeiter und Beamte, zur Weihe eines Ehrenmals für die im Ersten Weltkrieg gefallenen und die als Opfer ihres Berufs ums Leben gekommenen Eisenbahner der Direktion Nürnberg ein. Als Gäste des Präsidenten Dr. Geyer hatten sich General v. Schobert von der Wehrmacht, die Oberbürgermeister der Städte Nürnberg und Fürth, Staatsbahnrat Helvey von den Ungarischen Eisenbahnen, Abgesandte der Partei und der Behörden sowie eine Ehrenabteilung der Reichswehr eingefunden. Ein Streichorchester sorgte mit der Coriolan-Ouvertüre von Beethoven für den festlichen Rahmen. Nach einem Vorspruch durch den Betriebsarbeiter Sand erinnerte der Stellvertretende Generaldirektor der Reichsbahn, Wilhelm Kleinmann, an das Opfer und die Tapferkeit der toten Eisenbahner. Hierauf wurde die Gedenktafel enthüllt, die Soldaten präsentierten das Gewehr, Fahnen senkten sich zu Ehren der Toten, und die Musik spielte das Lied vom Guten Kameraden; der Direktionspräsident legte einen Lorbeerkranz nieder. Werkmeister Seelmann hob anschließend das große Pflichtbewußtsein der Toten besonders hervor, die das eigene Leben einsetzten, um das anderer zu retten. Die Feierstunde endete mit dem gemeinsamen Gesang des Deutschland- und des Horst-Wessel-Liedes.

Der Nachmittag des 13. Juli vereinigte wieder die Eisenbahner mit den Ehrengästen im Festsaal des Verkehrsmuseums zur feierlichen Wiedereröffnung der wesentlich erweiterten und ergänzten Sammlungen. Von der Bayerischen Staatsregierung war Ministerpräsident Siebert erschienen, um damit das große Interesse der Regierung an dem Museum zu bekunden, das aus einem bayerischen zu einem Museum über die Entwicklung der gesamten deutschen Eisenbahnen geworden war. Nachkommen der Familie Scharrer und vier der ältesten Eisenbahnveteranen der Ludwigsbahn und der Reichsbahn wohnten der Feier bei.

Nach dem Erklingen des ersten Satzes aus der Es-dur-Symphonie von Haydn ergriff wieder Präsident Dr. Geyer das Wort, der besonders auf die Geschichte des Verkehrsmuseums einging. Bereits um 1885 war in einem bescheidenen Raum in der Zentralwerkstätte München der Grundstock zu einem Eisenbahnmuseum gelegt worden. Nach der Landesausstellung in Nürnberg, 1896, war es der Tatkraft des Bürgermeisters von Schuh gelungen, die Sammlungen in einem besonderen Bau in Nürnberg unterzubringen und gleichzeitig erheblich zu erweitern, und 1925 konnte, nachdem die Stadt ein wertvolles Stück Gelände und einen namhaften Zuschuß zur Verfügung gestellt hatte, der weiträumige Monumentalbau bezogen werden, in dem sich noch heute die Erinnerungsstücke und Modelle befinden. Mit der im Jubiläumsjahr durchgeführten Neuordnung, Ergänzung und Erweiterung der gesamten Schau war für die Stadt ein weiterer bedeutender Anziehungspunkt entstanden. Im gleichen Sinne äußerte sich anschließend der Nürnberger Oberbürgermeister Liebel, der vor allem an die Initiative und den Wagemut der ortsansässigen Bürgerhäuser erinnerte und betonte, nirgendwo sei das Museum besser aufgehoben als auf dem geschichtsträchtigen Boden Nürnbergs. Nach dem Vortrag des zweiten Satzes aus der Haydn-Symphonie erklärte Reichsbahn-Direktionspräsident Dr. Geyer das Museum für wiedereröffnet. Ein Rundgang unter der Führung des Museumsleiters, Reichsbahnoberrat Aldinger, machte die Gäste am späten Nachmittag mit der neuen Form der Sammlungen bekannt.

Der Sonntagmorgen des 14. Juli 1935 sah bei blauem Himmel festlich bewegte Massen, besonders von Eisenbahnern, teilweise in geschlossenem Zug mit Fahnen und Musik, auf dem Weg zur großen Reichsbahnausstellung „100 Jahre deutsche Eisenbahn" in den Umladehallen an der Allersberger Straße. Die Stadt hatte Festschmuck angelegt, Flaggen waren an der Anmarschstraße und auf dem hohen Turm der Ausstellung aufgezogen worden. Eisenbahner und alle anderen Arbeiter, deren rastlosem Fleiß die rechtzeitige Fertigstellung der großen Schau zu verdanken war, säumten den Platz vor der Ausstellung und füllten die weiten Räume in der Halle. Die führenden Firmen des Tonfilms hatten ihre Apparate zur Aufnahme des geschichtlichen Vorgangs aufgebaut. Die Presse war in größtem Umfang vertreten, hatte doch ein Sonderzug mit rund hundert Teilnehmern allein fast die gesamte Berliner in- und ausländische Presse als Gäste der Reichsbahn nach Nürnberg gebracht. So hatte die ganze Veranstaltung von vornherein das Zeichen eines großen Tages.

Kurz vor dem Beginn trafen in rascher Folge die Ehrengäste ein: Reichsverkehrsminister Frhr. v. Eltz-Rübenach, Bayerns Ministerpräsident Siebert, Generaldirektor Dr. Dorpmüller, sein Stellvertreter Kleinmann, die Oberbürgermeister von Nürnberg und Fürth, der Vorstand der Ludwigsbahn-Gesellschaft, die Präsidenten der benachbarten Reichsbahndirektionen, Abgesandte von Partei, Wehrmacht und Landespolizei, eine Delegation der Danziger Studenten, und schließlich der fränkische Gauleiter Streicher. In der Eingangshalle war für die Eröffnungszeremonie ein Festraum vorbereitet worden. Vor dem Hintergrund von Führerbüste und Hakenkreuzfahne ergriff Julius Dorpmüller, nachdem der Festmarsch von Richard Strauß verklungen war, das Wort zur Begrüßungsansprache:

„Es war an einem rauhen Dezembermorgen des Jahres 1835, als eine aus England bezogene Lokomotive ihren Dienst auf der 6 km langen Strecke Nürnberg — Fürth aufnahm. Wer hätte damals geglaubt, daß in hundert Jahren 25 000 Lokomotiven auf 69 000 km Eisenbahnen in Deutschland im Reichs- und Privatdienst laufen würden. Der erste Lauf am 7. Dezember ist zum Sieges- und Segenslauf in unserem Vaterlande geworden.

Im kommenden Herbst soll eine große Jubel- und Dankesfeier an diesen Segen erinnern, der von Nürnberg — Fürth ausging. Die Namen jener tatkräftigen Männer, die, ihrer Zeit vorausschauend, alle Schwierigkeiten überwanden, sind ebenso wie die Namen der beiden Städte für alle Ewigkeit mit den deutschen Eisenbahnen verbunden. Sie leuchten heute nach 100 Jahren heller denn je wieder am deutschen Himmel auf.

Die heutige Ausstellung soll ein Vorläufer sein für den kommenden Dankestag ganz Deutschlands. Wir haben in den Ausstellungshallen alles zusammengetragen, was uns an die große Vergangenheit erinnert, und hinzugefügt, was eine hundertjährige Entwicklung aus jenen ersten Anfängen geschaffen hat.

Die leider im Unverstand verschrottete erste Adler-Lokomotive haben wir, getreulich nachgebildet, wieder erstehen lassen. Aus ihren 40 Pferdekräften, 40 km Höchstgeschwindigkeit auf der 6 km langen Strecke sind jene gigantischen Dampflokomotiven von 3000 Pferdestärken und Geschwindigkeiten von 175 km/Std. geworden, die eine Laufstrecke von über 300 km ohne Halt durcheilen können. Dem damaligen Preis von noch nicht 20 000 M steht der Wert von 200 000 RM unserer modernen Dampfriesen gegenüber. Zu den Dampflokomotiven haben sich die elektrischen Lokomotiven mit 6000 PS Leistungsmöglichkeit gesellt. Dazu kommen noch Triebwagen, diesel-elektrischer und diesel-hydraulischer Bauart, die den Ihnen bereits bekannten „Fliegenden Hamburger" schlagen.

Wie die alte Lokomotive, haben wir auch die alten Wagen wieder erstehen lassen. Unsere Urgroßväter würden staunen, wenn man ihnen die neuesten Personen- und Güterwagen vorführen könnte. Und was ist aus dem alten Gleis, das aus auf schweren Steinböcken gelagerten kurzen Schienenstücken bestand, geworden? Ein Blick auf die neuesten Oberbausysteme zeigt den Erfolg der Entwicklung.

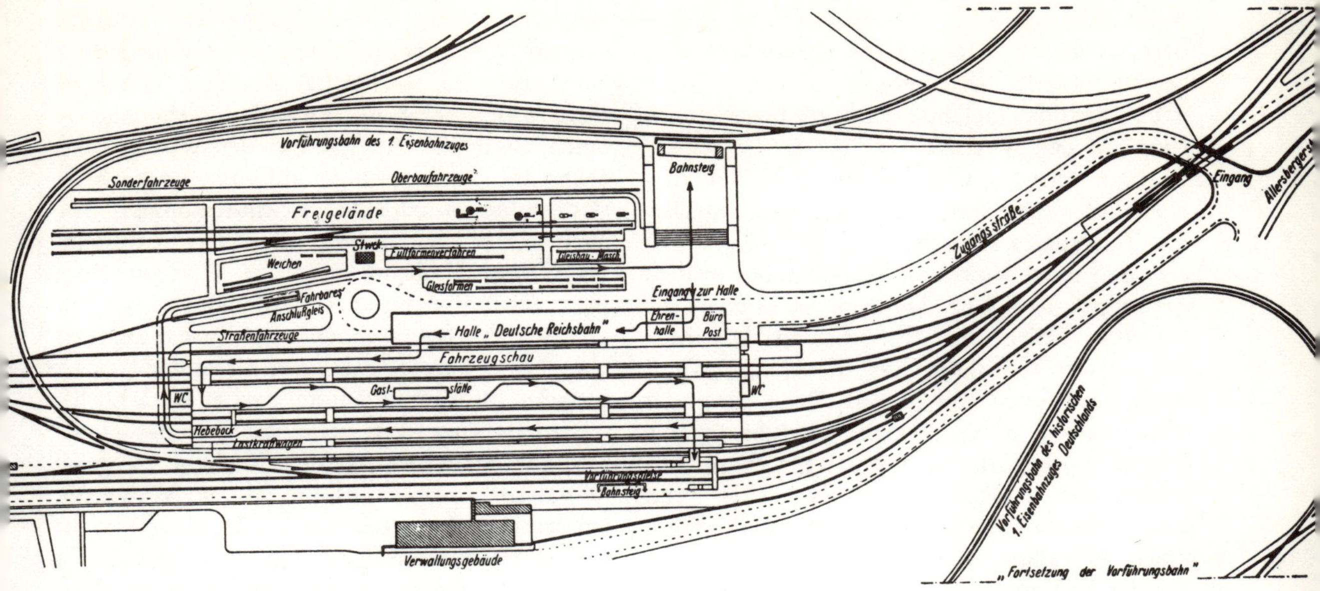

Lageplan des gesamten Ausstellungsgeländes.

Aber hinter all diesen Erfolgen steht der Mensch. Für ihn und seine Wohlfahrt zu sorgen, ist die Hauptaufgabe jedes Unternehmens. Mit 20 Bediensteten fing die Ludwigsbahn Nürnberg — Fürth an. Das war die Urzelle des neuen Berufsstandes der Eisenbahner. Was ist aus dieser Zelle geworden? Nach dem ersten aus England stammenden Lokomotivführer Wilson nebst seinem Heizer sind bei der Reichsbahn heute 67 000 Lokomotivführer und Heizer tätig, dazu kommen noch viele Tausende, die ihres Alters wegen von uns versorgt werden.

Heute hat die Reichsbahn einen aktiven Personalstand von 660 000 Volksgenossen, dazu kommen 156 000 Eisenbahnbeamte, die mit 180 000 ehemaligen Eisenbahnarbeitern sich des Ruhestandes erfreuen. Nimmt man dazu noch etwa 50 000 Bedienstete bei den Privatbahnen, so stellt sich das Heer der von den Eisenbahnen besoldeten Deutschen auf über eine Million. Einschließlich ihrer Angehörigen erhalten also etwa 3 Millionen Deutsche ihr Brot direkt aus dem Eisenbahnbetrieb. Aber damit ist der Einfluß der Eisenbahnen auf die Personalwirtschaft des Landes noch nicht erschöpft. Für uns walzen die Arbeiter in den Stahlwerken die Schienen, in Lokomotiv- und Waggonbauanstalten baut eine große Arbeiterzahl unsere Fahrzeuge, in den Bergwerken graben für uns die Bergleute unsere Kohle usw. Insgesamt verschaffen wir jährlich für durchschnittlich 1,5 Milliarden RM unseren Volksgenossen Arbeit und Brot.

Und nun, meine Damen und Herren, gehen Sie hinein in unsere Hallen. Sie finden dort die Früchte der Arbeit deutscher Hände und Hirne. Denn die Ausstellung verkörpert nicht nur die deutsche Eisenbahntechnik im besonderen, sie ist vielmehr ein Dokument deutschen Schaffens überhaupt. Sie ist das Produkt der Zusammenarbeit ungezählter Männer der Stirn und der Faust. Sie ist eine Werbung für deutsche Arbeit im Auslande. Sie ist ein Stück Deutschlands schlechthin."

Der Begrüßungsansprache folgte wieder eine Ansprache des Oberbürgermeisters Liebel, nachdem der Reichs- und Preußische Verkehrsminister v. Eltz-Rübenach dazu aufrief, die Ausstellung auch als Ansporn dazu anzusehen, alle Kräfte anzuspannen und weiterzuarbeiten. Hierauf folgten der Gesang des Deutschland- und des Horst-Wessel-Liedes, und der Minister erklärte die Ausstellung für eröffnet. Anschließend erklang Beethovens Egmont-Ouvertüre. Bevor nun der Rundgang durch die Hallen begann, legte Generaldirektor Dorpmüller im Ehrenraum einen Kranz für die im Krieg gefallenen Eisenbahner nieder.

Dann war es so weit: Die große Leistungsschau der Deutschen Reichsbahn war endlich den neugierigen Blicken von Fachleuten und Laien preisgegeben. Wir folgen den Ehrengästen und begleiten den Direktor bei der

Reichsbahn Dr.-Ing. Uebelacker aus Nürnberg, in dessen Dezernat die Ausstellung vorbereitet wurde, bei einem erklärenden Rundgang durch das Gelände. Er beginnt seine Führung mit den Worten:

„Man pflegt gewöhnlich ein Jubiläum, das der Vollendung eines abgeschlossenen größeren Zeitraumes gewidmet ist, dadurch zu feiern, daß man Rückschau hält über das in dem zurückgelegten Weg Durchlaufene, über die einzelnen Stufen der Entwicklung. Die Ausstellung in Nürnberg hat diesen Charakter nicht, und wohl mit Recht. Denn einerseits dienen der rückschauenden Betrachtung die beiden vorzüglich ausgestatteten eisenbahngeschichtlichen Museen: das Verkehrs- und Baumuseum in Berlin und das Verkehrsmuseum in Nürnberg; beide sind selbstverständlich für das Festjahr besonders hergerichtet und ergänzt worden und enthalten nach der angedeuteten Richtung eine Fülle von wertvollen Originalen und Nachbildungen. Andererseits birgt gerade die Gegenwart eine solche Mannigfaltigkeit von neuen, große Entwicklungsmöglichkeiten einschließenden Fortschritten, daß es als ein besonderes Bedürfnis und als berechtigtes Bestreben angesehen werden muß, diesen Stand zu zeigen und dem Alten gegenüberzustellen. Denn das ist ja das Hauptkennzeichen für die Stellung der Eisenbahn am Ende des Jahrhunderts: sie steht nicht als ruhig beschaulicher Betrachter ihrer Vergangenheit gegenüber, sie befindet sich nicht in einer Zeit lang anhaltenden Stillstandes mit gefestigten Formen, sie ist nicht mehr unangefochtene Alleinherrscherin des Verkehrs; das Gegenteil ist vielmehr der Fall: es ist alles im Fluß, die alten gewohnten Bauformen der Fahrzeuge, die Jahrzehnte hindurch das Bild der Eisenbahn beherrschten, haben sich zu eigenartigen Formen entwickelt. Die Dampfkraft muß das Feld mit anderen Antriebsarten teilen, die scharfe Trennung von Triebfahrzeug und Wagen hat aufgehört. Das Schienenfahrzeug sucht nach Wegen zur Überlandbeförderung. Die so einfachen Weichen- und Signaleinrichtungen früherer Zeiten sind einem kunstvollen feingegliederten Sicherheitssystem gewichen. Oberbau, Weichen und Brücken sind nach Material und Bauform so ausgebildet worden, daß sie den schwersten Lasten und aufs höchste gesteigerten Geschwindigkeiten gewachsen sind.

Worauf ist diese sich überstürzende, das Schrittmaß aller vorausgegangenen Veränderungen weit überholenden Entwicklung zurückzuführen? — Einmal bedeutet ja allgemein unsere Zeit — auf allen Gebieten — einen Umbruch, vergleichbar den großen tektonischen Veränderungen unserer Erde, hervorgerufen durch die Erschütterungen des Weltkrieges. Andererseits sind der Eisenbahn bei diesem Umbruch mächtige Wettbewerber im Verkehr entstanden und zwingen sie zu erhöhter Kraftanstrengung, ihr Dasein zu verteidigen — Flugzeug und vor allem der Kraftwagen. Unter ihrem Einfluß, sei er tatsächlich-wirtschaftlicher Art, seien es Geltungs- und Leistungsbedürfnis, ist die Eisenbahn zu größeren Leistungen hinsichtlich der Verkehrsbedienung gezwungen, die sich im einzelnen in größerer Geschwindigkeit, größerer Annehmlichkeit des Reisens, häufigerer Verkehrsbedienung, ebenso aber auch im Güterdienst in der Beschleunigung der Güterbeförderung auswirken.

Der eine Hauptgesichtspunkt, unter dem die Ausstellung steht, ist daher „Steigerung der Geschwindigkeit". Der zweite Gesichtspunkt, der der Ausstellung das Gepräge gibt und sich dem Besucher aufdrängt, heißt „Motorisierung", wobei unter diesem nicht ganz eindeutigen Wort die Verbindung des Antriebs mit dem Nutzfahrzeug wie bei dem Kraftwagen gemeint sein soll, gleichviel welcher Art der Antrieb ist. Natürlich dient diese Motorisierung nicht allein der Erreichung höchster Geschwindigkeiten, zu der sich ja auch Dampf und Elektrizität angemeldet haben, sondern ist ebensosehr aus dem Bestreben nach Wirtschaftlichkeit hervorgegangen.

Ein glücklicher Zufall bot für die Ausstellung sehr geeignete Gebäulichkeiten mit entsprechendem Freigelände: Am Rangierbahnhof Nürnberg, im Süden der Stadt, nicht fern dem großen Parteitaggelände, wurde im vorigen Jahre eine große Umladehalle errichtet, derzeit die größte in Deutschland. Sie besteht aus zwei je 300 m langen Hallen von 60 m Gesamtbreite, 6 Gleisen und zwischen den Gleisen liegenden Rampen. Diese Halle war Ende 1934 fertig geworden, ihrer Bestimmung aber noch nicht übergeben, da noch wegen des inzwischen hinzugekommenen Kraftwagenumschlags ein Anbau notwendig war. Sie bot Platz für die Aufstellung einer großen Anzahl von Fahrzeugen. Rund 1000 Meter sind von ihnen bedeckt, wobei das zweite Gleis der

Doppelgleise jeweils für die Besichtigung der Fahrzeuge freigelassen wurde. In den Anbau wurden Zwischenwände eingebaut, so daß Einzelräume für eine Innenausstellung gebildet wurden. Das Freigelände und der Zugang, der über Ödland führte, mußten allerdings erst in einen würdigen Zustand versetzt werden. Die auf der östlichen Seite der Halle im Freien liegenden zwei Gleise werden zur Vorführung einer 01-Lokomotive, auf der den Ausstellungsbesuchern die Mitfahrt gestattet ist, sowie zur Vorführung der Zugbeeinflussungseinrichtungen mittels eines Triebwagens, endlich auch zur Vorführung des Oberbaumeßwagens benutzt. Auf dem Freigelände westlich sind der Oberbau, Weichen sowie ein Musterstellwerk ausgestellt. Außerdem werden hier Culemeyersche Straßenfahrzeuge vorgeführt.

Die künstlerische Gesamtgestaltung macht einen außerordentlich erfreulichen Eindruck und zeugt von hohem Geschmack und hervorragendem Geschick. Die Geschäftsleitung lag in der Hand von Reichsbahnrat Kaeß. Künstlerische Gestalter der Ausstellung waren die Architekten Reichsbahnoberrat Weiß und Reichsbahnrat Dr.-Ing. Fackler. Ausstellungstechnischer Berater war Professor Lechner.

Die Innenräume sind der Ausstellung von statistischem Material sowie von Bildern, Modellen und kleineren Gegenständen des Eisenbahnwesens gewidmet und vermitteln damit für den, der sie mit Ruhe und Muße betrachtet, nicht weniger als die großen Fahrzeuge ein Bild von der Größe und Bedeutung der Deutschen Reichsbahn. In zwölf Räume ist diese gewissermaßen in sich geschlossene Schau eingeteilt. Selbstverständlich kann das Bild kein vollständiges sein. Was aber aus der Fülle des Materials geboten wird, ist so sorgfältig ausgewählt, daß das oben angebene Ziel voll erreicht wird.

Die Räume beziehen sich, ausgehend von dem Ehrenraum mit den Büsten der Pioniere des deutschen Eisenbahnwesens, von Baader, List, Scharrer und Harkort, den man zunächst vom Eingang am wappengeschmückten Turm vorbei durchschreitet, auf die Geschichte der Eisenbahn (Raum 1 — Bilder der ältesten Bahnhöfe, Züge, Brücken, wobei auch der über die Eisenbahn der guten alten Zeit ausgestreute Humor nicht fehlt), auf die Eisenbahn im Weltkrieg und die Bedeutung der Eisenbahn als Auftraggeber der deutschen Wirtschaft (Raum 2), auf den Personen- und Güterverkehr (Raum 3/4) und den Betrieb (Raum 5). Es folgt Raum 6, der dem deutschen Eisenbahner gewidmet ist. Die folgenden Räume 7 bis 10 enthalten die Technik: Oberbau, Brücken- und Hochbau, Werkstättenwesen, Fernmeldewesen und Starkstrom. Raum 11 zeigt den Lastwagen als Hilfsmittel der Reichsbahn. Mit einem großen Wandbild, das den Gedanken, daß die Reichsbahn dem ganzen Volk dient, zum Ausdruck bringt, und mit den Angaben über die Riesenbeförderungsleistungen der Reichsbahn schließt im Raum 12 die Innenausstellung wirkungsvoll ab.

Aus den Innenräumen führt der Weg in die großen Hallen, in denen die Fahrzeuge aufgestellt sind. Wenngleich diese in einer etwas zwangloseren Folge auf die Gleise verteilt wurden, sollen sie in einer sachlichen Ordnung vorgestellt werden. Wir wenden uns zunächst den Lokomotiven zu.

a) Dampflokomotiven

Es sind ausgestellt: Zwei Stromlinienlokomotiven für Höchstgeschwindigkeiten: die 2C2-Schnellzuglokomotive Reihe 05 und 2C2-Schnellzugtenderlokomotive der Reihe 61; drei schon in größerer Zahl vorhandene Lokomotiven der Einheitsbauart, die gegenüber der üblichen Ausführung gewisse Neuerungen aufweisen: Die 2C1-Schnellzuglokomotive Reihe 01, die 1C1-Personenzugtenderlokomotive 64 349 und die 1D1-Güterzugtenderlokomotive 86 212; sodann die erst jüngst geschaffenen Einheitslokomotiven: die 1B1-Personenzugtenderlokomotive Reihe 71 für Nebenbahnen und die leichte C-Verschiebelok Reihe 89.

Endlich sind noch drei Mitteldrucklokomotiven für 25 atü ausgestellt: Die 2C1-Schnellzuglokomotive Reihe 02[1] (sie war zunächst als 04 bezeichnet), die 1E-Güterzuglokomotive Reihe 44 und die Personenzuglokomotive der 1C-Reihe 24.

Die bemerkenswertesten und die durch ihre neuen Formen dem Besucher am meisten auffallenden sind die erstgenannten Lokomotiven, die den Bestrebungen der allerjüngsten Zeit entsprossen sind und die Eignung der Dampflokomotive für Höchstgeschwindigkeiten, wie sie der Triebwagenzug „der Fliegende Hamburger“ als erster Zug der Welt erreicht hat, dartun sollen. Sie haben, wie das für Geschwindigkeiten über 120 km/h als wesentlich erkannt ist, in weitestgehendem Maße Stromlinienverkleidung erhalten. Die Ersparnis an Kraft ist bei so hohen Geschwindigkeiten wegen der Wirtschaftlichkeit wie wegen der Schwierigkeit der Unterbringung der erhöhten Leistung ausschlaggebend, beträgt sie doch bei 150 km/h etwa 500 PS. Mit der Schnellfahrlokomotive 05 konnte mit einem Zug von 200 t eine Geschwindigkeit von 191,7 km erreicht werden. (Ein Jahr später, am 11. Mai 1936, sollte sie den Weltrekord von 200,4 km/h fahren.) Die normale Geschwindigkeit der beiden Schnellfahrlokomotiven ist übrigens nur mit 175 km/h angesetzt, der Raddurchmesser ist mit 2300 mm gewählt gegenüber 2000 der normalen Schnellzuglokomotive 01; die gewöhnliche Bauart ohne Stromlinienverkleidung, die Einheitsschnellzuglokomotive 01, bringt es auf eine Höchstgeschwindigkeit von 130 km/h. Übrigens sind auch die Geschwindigkeiten der übrigen, in den normalen Geschwindigkeitsbereich fallenden Lokomotiven höher als früher: Die nur für leichte Personenzüge auf Nebenbahnen bestimmte Lokomotive der Reihe 71 hat 90—100 km Höchstgeschwindigkeit, und namentlich ist bei allen Güterzuglokomotiven die Geschwindigkeit höher gewählt, die 1D1-Lokomotive der Reihe 86 hat 70, die Güterzuglokomotive 1E der Reihe 44 hat 80 km/h Höchstgschwindigkeit. Beide haben 1400 mm Raddurchmesser.

Die Kesselbauart ist bei allen ausgestellten Lokomotiven die normale. Bei 25 atü übersteigenden Drücken, wie bei der Henschel- und Löffler-Versuchslokomotive für 60 bzw. 120 atü müssen bekanntlich besondere Kesselformen entwickelt werden. Die Schwierigkeiten hierbei können noch nicht als überwunden gelten. Man ist daher mit dem Druck versuchsweise nur auf 25 atü gegangen (Mitteldruck), der nach den Erfahrungen mit den 22 atü der Maffei-Turbinen-Lokomotive mit dem normalen Kessel zu bewältigen schien. 20 atü, wie ihn erstmals die ausgestellte leichte Nebenbahnlokomotive Reihe 71 erhalten hat und wie ihn auch die beiden Schnellfahrlokomotiven zeigen, erscheint jetzt als normal erreichbar und soll künftig die Regel bilden. Die übrigen Lokomotiven zeigen noch 16 bzw. 14 atü. Bei der Herstellung der Kessel ist für die schwierige Anrichtarbeiten erfordernden Konstruktionsteile von der Schweißung Gebrauch gemacht.

Bei den Mitteldrucklokomotiven von 25 atü hat man die kupferne Feuerbüchse, da Kupfer hinsichtlich der Wärmefestigkeit zu wünschen übrig läßt, verlassen und Stahl, und zwar harten Molybdän- oder Chrom-Molybdän-Stahl von 52 kg Festigkeit verwendet, auch die Stehbolzen sind dann aus Stahl, von weicher Qualität (35—44 kg); die Wandstärke dieser Feuerbüchsen ist 10—11 mm. Die Feuerbüchsen der übrigen Lokomotiven sind aus Kupfer hergestellt; dabei ist an drei Lokomotiven, nämlich den Einheitstenderlokomotiven der Reihe 64, 86 und 71 die kupferne Feuerbüchse vollständig geschweißt. Die Rohrlängen bei den Kesseln der großen Lokomotiven haben das Maß von 7000 mm erreicht, ohne das Nachteile entstanden sind, im Gegenteil ist dadurch ein sehr guter Kesselwirkungsgrad erzielt worden.

Die Lokomotiven zeigen weitgehende Vereinheitlichung und Normung, nachdem seit der Verreichlichung alle Fahrzeuge der Deutschen Reichsbahn einheitlich durchgebildet und beschafft werden. Hinsichtlich des Achsdruckes sind drei Gruppen vorhanden. Den Höchstachsdruck von 20 t zeigen die drei erstgenannten, für mit starkem Oberbau ausgerüstete Hauptbahnstrecken bestimmten Lokomotiven und die Güterzugmitteldrucklokomotive; 19 t hat die Schnellzugmitteldrucklokomotive; die übrigen für Strecken mit geringerer Verkehrsbedeutung und leichtem Verkehr bestimmten Lokomotiven haben 15 t Achsdruck.

Im einzelnen ist zu den Lokomotiven folgendes noch anzuführen:

Die Stromlinienlokomotive 05 001 (Bild 44) ist eine Dreizylinder-Lokomotive mit einfacher Dehnung, die beiden äußeren Zylinder treiben die mittlere Kuppelachse, der mittlere arbeitet auf die erste Kuppelachse. Die Heizfläche ist 256 m², die Überhitzerfläche 90 m². Der Tender ist für europäische Verhältnisse von außerordentlicher Größe und faßt 37 m³ Wasser; er ruht auf fünf Achsen, wovon zwei im vorderen Drehgestell mit Einpunktstützung des Tenders und drei im Hauptrahmen gelagert sind. Da er vollständig geschlossen ist, mußte eine besondere, durch zwei Druckluftzylinder angetriebene Kohlenvorschubvorrichtung eingebaut werden. — Die zweite Stromlinienlokomotive, Achsanordnung 2C2, Nr. 61 001, hat nur ungefähr zwei Drittel der Leistung der vorher angeführten. Sie soll auch nur einen Zug von höchstens vier Wagen mit 124 t Gewicht befördern gegenüber 250 t der

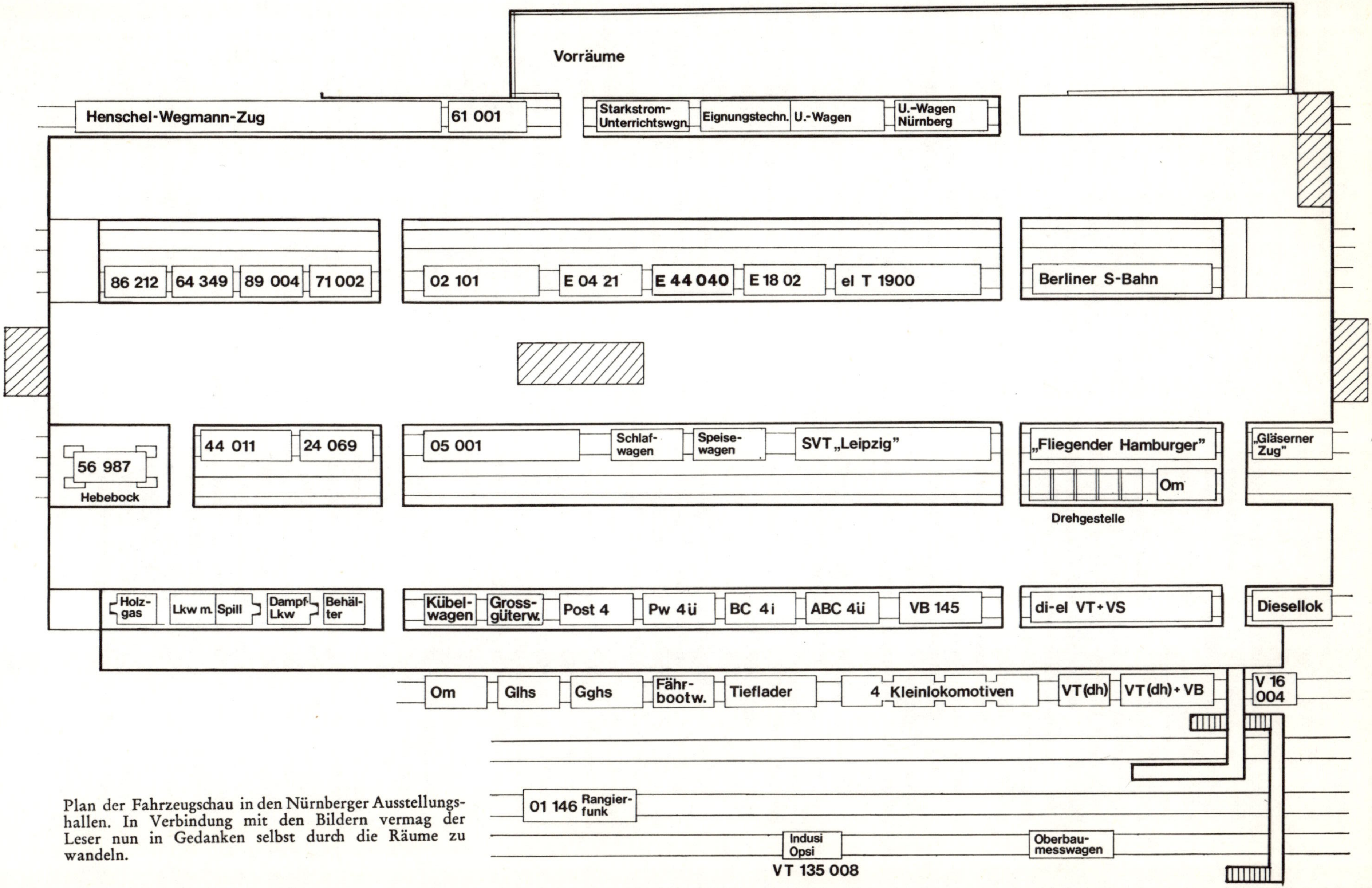

Plan der Fahrzeugschau in den Nürnberger Ausstellungshallen. In Verbindung mit den Bildern vermag der Leser nun in Gedanken selbst durch die Räume zu wandeln.

vorigen. Sie bildet mit ihrem Zug eine Einheit (Bild 39). Die Verkleidung der Lokomotive paßt sich der der Wagen an, wobei die beiden Enden der Lokomotive wegen des Umsetzens für den Anschluß entsprechend ausgebildet werden mußten. Wegen des Wechsels der Fahrtrichtung sind die Bedienungseinrichtungen für den Lokomotivführer im Führerstand doppelt angebracht. Auch der Wasservorrat dieser Lokomotive ist wesentlich geringer und beträgt mit 17 m^3 nur die Hälfte. Für die Leistung der Lokomotive genügen zwei Zylinder von 460 mm Durchmesser, doch ist hier ganz ausnahmsweise der Hub auf 750 mm vergrößert worden. Da der Zug eine Einheit bildet, wird der Strom für die elektrische Beleuchtung und andere Zwecke für den ganzen Zug in Turbogeneratoren auf der Lokomotive erzeugt. Nicht nur in der Form ist die Lokomotive dem Wagenzug angeglichen, sondern auch im Farbanstrich.

Über die bekanntlich schon in größerer Zahl vorhandene Einheitsschnellzuglokomotive 01 146 ist nichts wesentlich Neues zu sagen. Sie befördert 800 t schwere Schnellzüge im Flachland mit 100 km/h und 350 t mit 130 km/h.

Neu ist bei allen drei Lokomotiven die Anbringung der verstärkten Bremse. Sämtliche Räder sind mit doppelseitiger Klotzbremse mit unterteilten Bremsklötzen, um das Verziehen beim Erwärmen in kleinen Grenzen zu halten, versehen. Auch bei den übrigen Lokomotiven für hohe Geschwindigkeit, wie 02^1 und 71, ist die verstärkte Bremse eingebaut. Da die Tenderlokomotiven in beiden Fahrtrichtungen laufen, besorgt ein mit der Steuerung in Verbindung stehender Hebel die Änderung des Klotzdruckes.

Von besonderem Interesse ist die neue leichte 1B1-Personenzuglokomotive 71 002 (Bild 30), die eine Erstausführung darstellt. Sie soll da, wo der Triebwagen nicht ausreicht, besonders wo die Mitnahme von Güterwagen sich nicht vermeiden läßt, einspringen und also namentlich auch auf Nebenbahnen eingesetzt werden. Sie hat daher nur einen Achsdruck von 15 t, ihre Heizfläche beträgt in Rohren und Feuerbüchse nur 67 m^2, im Überhitzer 29 m^2. Für den angegebenen Zweck wurde auf leichteste Bauart gesehen. Es sind daher dünnwandige Bleche für den Rahmen verwendet, der mit dem Wasserkasten ein Ganzes bildet und vollständig geschweißt ist.

Eine leichte Lokomotive für einfacheren Dienst ist auch die Verschiebelokomotive C der Reihe 89, ebenfalls in der 15-t-Achsdruckreihe und mit ungefähr der gleichen Heizfläche. Sie entstand, weil der Betrieb für das Umstellen von Kurswagen und für leichteren Abdrückdienst eine leichtere Lokomotive verlangte, als es die Reihe 80 war. Die ausgestellte Lokomotive 89 004 ist eine Heißdampflokomotive. Da die Frage, ob für den Verschiebedienst eine genügende Überhitzung und damit Ersparnisse erzielbar sind, noch zu klären ist, sind gleichartige Lokomotiven wie die ausgestellte mit Naßdampfkessel gebaut worden, die zum Vergleich in Dienst gestellt werden, der Kesseldruck wurde nur mit 14 atü statt 20 festgesetzt, weil bei höherem Druck bei Naßdampf keine genügende Entspannung hätte erzielt werden können. Auch bei dieser Lokomotive ist der Rahmen geschweißt.

Die Mitteldruck-Schnellzuglokomotive und -Güterzuglokomotive 04 001 (= 02 101) und 44 011 haben Vierzylindertriebwerk, um eine dem hohen Druck von 25 atü entsprechende Dehnung zu erzielen. Dabei treiben bei beiden Lokomotiven die innenliegenden Hochdruckzylinder und die außenliegenden Niederdruckzylinder verschiedene Achsen an. Die Bildung der Zylindergußstücke ist bei beiden Lokomotiven verschieden. Während bei der Schnellzuglokomotive in der bisher üblichen Weise die HD-Zylinder ein gemeinsames Gußstück bilden, ist bei der Güterzuglokomotive nach amerikanischem Muster das Zylindergußstück zweiteilig ausgeführt. Je ein HD- und ein ND-Zylinder bilden ein Gußstück, beide sind in der Mitte verschraubt. Es entstehen dadurch kürzere Dampfwege, aber größere Gewichte und Nachteile bei dem Ersatz beschädigter Zylinder.

Der Überhitzer ist bei der Schnellzuglokomotive ein „Drei-Schleifenüberhitzer" der Bauart RZM, bei der Güterzuglokomotive sind die drei Schleifen aber nicht hintereinander, sondern parallel geschaltet. Dies führte zu außergewöhnlich hoher Überhitzung von 450 °C und mehr, was Schwierigkeiten im Betrieb mit sich brachte, aber auch den Kohlenverbrauch bis auf 0,84 kg/PSe in besonders günstigen Betriebslagen herabdrückte. Die Heiz- und Überhitzerflächen der beiden Maschinen sind 207/85 bzw. 220/110 m^2. Die größte Geschwindigkeit der Schnellzuglokomotive ist 140 km/h.

Die dritte Mitteldrucklokomotive, Lok-Nr. 24 069, ist eine Personenzuglokomotive der Achsanordnung 1C von 15 t Achsdruck und 1500 mm Treibraddurchmesser; 104 m^2 Heiz- und 36 m^2 Überhitzerfläche. Bei dieser Lokomotive sah man von der Anordnung eines Vierzylindertriebwerkes ab. Da aber andererseits Verbundwirkung zur Entspannung des Dampfes in zwei Stufen unumgänglich war, so kam man auf die alte Zweizylinder-Verbundanordnung und nahm die daraus sich ergebenden Erschwerungen bezüglich des Anfahrens und ruhigen Laufes in Kauf.

b) Motorfahrzeuge

Die Deutsche Reichsbahn besitzt schon eine ganze Anzahl von Kleinlokomotiven mit Dieselmotorantrieb, die dazu bestimmt sind, auf den kleineren Bahnhöfen einfache Umstellungen von Güterwagen auszuführen, um damit den Aufenthalt der Güterzüge auf den Unterwegsstationen zu verkürzen, und die hinsichtlich der Bedienung so einfach gestaltet sind, daß sie von einem ungelernten Arbeiter des Bahnhofs bedient werden können. Es sind zwei Leistungsgruppen gebaut worden: Leistungsgruppe II mit etwa 50—70-PS-Motor und Leistungsgruppe I mit etwa 20—25 PS (neuerdings 40 PS).

Die ausgestellten Lokomotiven der Leistungsgruppe II zeigen drei verschiedene Antriebe. Die erste Lokomotive, Kö 4654 (Bild 52), hat die bisher ausgeführte Räderübersetzung, wobei die Räder stets im Eingriff sind und durch Haltekupplungen eingeschaltet werden, während eine für die Aufnahme von Arbeit geeignete Fahrkupplung beim Schalten mitwirkt.

Bei der zweiten Lokomotive, Köf 4814, ist ein Flüssigkeitsgetriebe der Bauart Voith mit Drehmomentwandler und Kupplung verwendet, letztere schaltet sich selbsttätig bei Erreichung einer Geschwindigkeit von 15 km/h ein, wodurch die Bedienung aufs äußerste vereinfacht wird.

Die dritte Lokomotive, Kb 4758, endlich ist dem Wunsche nach einem Versuch mit heimischen Brennstoffen entsprungen. Sie hat eine Sauggasanlage für Schwelkoks mit einem Vierzylinder-Vergasermotor. Als Vertreterin der Leistungsgruppe I ist die Kö 0200 ausgestellt.

Eine nicht zu den Kleinlokomotiven gehörige, ihnen aber nahestehende Lokomotive stellt den bemerkenswerten Versuch dar, eine Lokomotive für den Verschiebedienst zu bauen, bei der die auftretenden starken Leistungsspitzen, die mit langen Stillstandspausen und Zeiten geringster Leistung abwechseln, wirtschaftlich gebrochen werden können. Es handelt sich um eine „Zweikraftmaschine", bei der ein Dieselmotor verhältnismäßig geringer Leistung (75 PS) entweder mittels elektrischer Übertragung unmittelbar die Lokomotive V 16 004 antreibt oder einen Speicher auflädet, der dann, wenn die Leistung des Motors überschritten wird, zusätzliche Kraft abgibt, so daß die Lokomotive auch 600 t schwere Züge verschieben kann. Der praktische Versuch hat gezeigt, daß die Lokomotive für den Dienst auf dem Anhalter Bahnhof in Berlin gerade noch genügt.

Eine weitere Diesellokomotive ist im Gegensatz zu den Kleinlokomotiven für den Streckendienst bestimmt. Die Deutsche Reichsbahn hat bereits einen Versuch mit einer Diesellokomotive, und zwar mit Druckluftübertragung gemacht. Die vorwürfige Lokomotive benutzt zur Übertragung das Flüssigkeitsgetriebe. Der Motor der Lokomotive V 16 101 hat 8 Zylinder und ist mit einem Aufladegebläse, wie es auch bei den Triebwagen wiederkehrt, versehen, wodurch die Leistung von 900 auf 1400 PS erhöht wird.

Den hier behandelten Lokomotiven mit Motorantrieb schließen sich die Triebwagen mit Verbrennungsmotoren an. Unter den ausgestellten Wagen fallen, wie bei den Dampflokomotiven, die für Höchstgeschwindigkeiten von 160 km/h bestimmten Schnelltriebwagen in erster Linie ins Auge, und zwar der in der ganzen Welt bekannte zweiteilige „Fliegende Hamburger" VT 877 a/b (es ist der zuerst eingesetzte zweiteilige Originalwagen ausgestellt) und der dreiteilige Schnelltriebwagen SVT 137 153 a/b/c, „Bauart Leipzig". Der „Fliegende Hamburger" hat seinen Einsatz schon über 300 00 km ohne nennenswerte Unterbrechungen zurückgelegt und dabei im Jahre 1934 für je 1000 km nur 760 kg Brennstoff verbraucht. Von diesem Typ sind mit geringen Änderungen 13 Wagen inzwischen nachgebaut und teilweise auch schon in Dienst gestellt worden. Der dreiteilige Wagen nimmt auch Reisende 3. Klasse auf und erforderte daher ein größeres Platzangebot. Die zwei Motoren haben fast die gleichen Abmessungen wie bei den zweiteiligen Triebwagen, sind jedoch durch Aufladung auf zusammen etwa 1200 PS gebracht. Während der zweiteilige Wagen bekanntlich elektrische Kraftübertragung nach dem Gebus-System hat, besitzt der dreiteilige Wagen Flüssigkeitsgetriebe. Jedes Getriebe mußte mit seinem Motor im gleichen Drehgestell untergebracht werden, dabei sind die beiden Achsen jedes Enddrehgestells angetrieben. In der Mitte ruht der Wagen auf zwei Jakobsdrehgestellen. Das Verhältnis der angetriebenen Achsen zur Gesamtzahl ist also gegenüber dem zweiteiligen Wagen von 2 : 6 auf 4 : 8 gesteigert worden, was wegen der stark erhöhten Anzugskraft notwendig erschien. Die äußere Form dieser Wagen, insbesondere die charakteristische Stirnwand zur Verminderung des Luftwiderstands, ist bekannt. Erbauer: LHB/Voith/TAG.

Nächst den Schnelltriebwagen ist ein hervorragender Vertreter des Triebwagenbaues der vierachsige 410-PS-Triebwagen, von dem schon eine sehr große Anzahl für Hauptbahnen als Ersatz von Eil- und Personenzügen in Dienst gestellt ist. Der Wagen hat elektrische Kraftübertragung. Bemerkenswert ist bei diesem Wagen die starke Verminderung des Gewichts gegenüber den fünf Jahre zurückliegenden Erstausführungen. Er beträgt jetzt mit Betriebsstoffen für den unbesetzten Wagen 41,5 t statt 52 t; der für diesen bestimmte Steuerwagen 145 050 wiegt nur 21 t.

Von den am östlichen Rand der Fahrzeughalle stehenden zweiachsigen Verbrennungstriebwagen hat der eine mit 150-PS-Motor diesel-hydraulische Übertragung (Wagen dieser Bauart sind bis jetzt drei in Betrieb), der andere hat Zahnradgetriebe und ist mit einem liegenden Motor (180 PS) ausgerüstet, um das unbequeme Hineinragen des Motors in den Fahrgastraum zu vermeiden. Leichtbauweise ist auch hier kennzeichnend. Die ausgestellten Wagen haben nur ein Gewicht von 15,3 t bei 44 Sitzplätzen. Da auch das Bedürfnis für die Mitführung von Gepäck sich ergeben hat, haben beide Wagen einen Gepäckraum von rund 5 m^2 Fläche erhalten. Den ersten Wagen haben MAN/Voith/Mylius, den zweiten Bautzen/DWK/TAG geliefert.

Verschiedene Motoren für Triebwagen sind gesondert auf den Rampen ausgestellt. Besonders beachtenswert ist ein Dampfmaschinen-Achsantrieb für Dampftriebwagen mit 110 at Dampfdruck. Er zeigt die Bestrebungen, den mit ausländischen Betriebsstoffen arbeitenden Ölmotor zu ersetzen.

c) Personenwagen

Alle Personenwagen, die ausgestellt sind, zeigen das lebhafte Bestreben der Reichsbahn, dem Reisenden die Fahrt mit der Eisenbahn so angenehm wie möglich zu machen. Dies wird vor allem erreicht durch ausreichende Bemessung der Räume, die dem Reisenden, im Gegensatz zum Kraftwagen, seine Bewegungsfreiheit wahren. Die Abteillänge ist daher soweit irgend möglich vergrößert. Die Fenster wurden verbreitert, um möglichst unbehinderte Aussicht zu gewähren. An Stelle der einfachen Schiebetüren sind bei den Wagen mit Seitengang vielfach doppelte Abteilschiebetüren angeordnet. Die Sitze sind bequemer gepolstert, Polsterung hat in Schnellzugwagen auch die 3. Klasse. Die Wandverkleidung aller Abteile ist zum Teil aus fremden, zum Teil aus deutschen Edelhölzern. Die sonstige Ausstattung der Abteile sowie der größere Wagenraum machen einen wohltuenden, angenehmen Eindruck. Die Wagenkästen sind selbstverständlich aus Stahl. Von der Schweißung ist bei der Herstellung weitgehend Gebrauch gemacht.

Als Drehgestelle sind die nun seit Jahren bewährten, gegen die früher übliche Drehgestellbauart wesentlich einfacher gestalteten Drehgestelle der Bauart „Görlitz“ verwendet, im allgemeinen „Görlitz leicht“, nur bei den schweren Speisewagen „Görlitz schwer“.

Die vorstehenden Ausführungen bezogen sich im wesentlichen auf die als Vertreter des modernen Personenwagenbaues ausgestellten Personenwagen, nämlich einen BC 4 i, also einen vierachsigen Durchgangswagen 2./3. Klasse, wie er für den Eil- und Personenzugverkehr bestimmt ist und den vierachsigen ABC4ü Köln 14 275 von Credé, einen D-Zugwagen mit Faltenbalgübergang mit allen drei Klassen. Zwei- oder dreiachsige Wagen für den Personenverkehr werden nicht mehr gebaut, sie würden dem Streben nach erhöhter Fahrgeschwindigkeit auch nicht entsprechen.

Die Wagen sind erheblich leichter als früher. So hat der Eil- und Personenzugwagen bei 60 Sitzplätzen nur ein Gewicht von 34,5 t, der D-Zugwagen bei 56 Plätzen 1.—3. Klasse von rund 39 t, trotz der etwas schwereren Bremseinrichtung (Doppelbremsklötze) und anderen Teilen. Außer den vorstehenden Wagen sind noch ein Mitropa-Schlafwagen und -Speisewagen, sowie zwei Post- und Postgepäckwagen zu sehen, ferner auch die beiden

Eignungstechnischen Untersuchungswagen Nr. 700 775 und 700 757 sowie ein Starkstrom-Unterrichtswagen vom Zentralamt München, weiterhin der Nürnberger Unterrichtswagen Nr. 700 677. Die neuen Bremseinrichtungen werden auch auf einem besonderen Bremsvorführungsstand an einzelnen Drehgestellen in Tätigkeit vorgeführt.

Bemerkenswert ist noch ein Wegmann-Anhänger für Triebwagen durch ein neuartiges Drehgestell und durch sein außerordentlich geringes Gewicht von nur 13,4 t bei 90 Plätzen.

Den D-Zugwagen in der Innenausstattung ähnlich sind die Wagen des Dampfschnellzuges für 160 km/h, dessen Lokomotive bereits oben erwähnt wurde. Zur Verminderung des Luftwiderstandes sind die Wagenenden soweit wie möglich genähert und die Zwischenräume durch äußere Faltenbälge des vollen Stirnprofils überbrückt. Das Untergestell ist durch eine Schürze, die zum Tragen mit herangezogen wird, verkleidet. Zur Erzielung schlingerfreien Laufes sind zwischen den mit Scharfenbergkupplung kurz gekuppelten Wagen am Untergestell und über den Stirnwandtüren Puffer angebracht. Fenster und die Einsteigschiebetüren sind zur Vermeidung von Luftwirbeln in die Flucht der Seitenwände verlegt. Besonders erwähnt sei, daß zur Erzielung tiefer Schwerpunktlage der Fußboden von dem normalen Maß von 1240 auf 1090 mm gesenkt wurde. Von den zwei Treppenstufen wird die im Wageninnern liegende bei geschlossener Tür abgedeckt, die äußere klappbare wird bei niedrigen Bahnsteigen durch Preßluft vom Zugführerraum aus betätigt. Der ganze Zug mit vier Wagen, Berlin 10 401 bis 10 404, hat 48 Sitzplätze 2. und 144 Plätze 3. Klasse und wiegt rund 125 t.

Außer den für den Fernverkehr bestimmten Personenwagen ist noch ein Viertelzug ET 125 der Berliner Stadtbahn ausgestellt, der sich durch eine wesentlich verstärkte Motorleistung sowie durch eine Verringerung der Wagenabstände bei gleicher Zuglänge, die zu einer Verlängerung der Abteile 2. Klasse verwendet wurde, auszeichnet.

Bei den Fahrzeugen, die für die neuen in Angriff genommenen Verkehrsaufgaben eingesetzt werden, hat man bekanntlich unter Bruch mit dem bisher üblichen auch den Außenanstrich anziehender und geschmackvoller gestaltet. Die Triebwagen und die elektrischen Fahrzeuge zeigen bekanntlich die weinrote Brüstung, darüber cremefarbigen Anstrich der Seitenwände; die Wagen des Stromlinienzuges haben im unteren Teil der Wagenkästen den bläulichroten Ton der „Rheingold"-Wagen, darüber ebenfalls cremefarbigen Ton erhalten.

d) Elektrische Fahrzeuge

Wenn auch im Vergleich zum Gesamtnetz die Länge der elektrisch betriebenen Strecken noch keine ausschlaggebende Rolle spielt, so hat sich die elektrische Zugförderung doch immer mehr Feld erobert, und wichtigste Hauptstrecken der Deutschen Reichsbahn sind in elektrischem Betrieb und werden noch angeschlossen. Sie verschafft sich dieses Ansehen vor allem durch die Leichtigkeit, mit der sie die größten Kräfte aus dem Stromversorgungsnetz entnehmen kann, und ist daher befähigt, schwerste Züge mit großen Beschleunigungen anzuziehen. Dann aber auch durch den sauberen Betrieb und die starke Verringerung der Stillstände für Instandsetzung. Was den Antrieb anbelangt, so ist ja bekannt, daß der Stangenantrieb mit großen Einzelmotoren vollständig dem Einzelachsantrieb, sei es mit Zahnradübersetzung, sei es mit AEG-Federtopfantrieb mit Hohlwelle, gewichen ist, nachdem sich durch die Fortschritte im Motorenbau gezeigt hat, daß Lokomotiven mit Einzelachsantrieb im Gewicht sogar niedriger sind als Lokomotiven mit Großmotoren, in der Unterhaltung wesentlich billiger.

Von den drei ausgestellten Lokomotiven ist die 1 Do 1-Type E 18 02 mit vier durch Einzelmotoren angetriebene Achsen die leistungsfähigste Lokomotive der Deutschen Reichsbahn, da sie für eine Viertelstunde 4800 PS zu entwickeln vermag und 700 t schwere Schnellzüge mit 150 km/h Höchstgeschwindigkeit befördern kann. Ihr Gewicht ist dabei nur 109 t. Der Rahmen ist aus Flußstahlblechen geschweißt, wie ja überhaupt die Rahmenschweißung erstmals bei elektrischen Lokomotiven durchgeführt wurde.

Eine leichtere Schnellzuglokomotive ist die 1 Co 1-Lokomotive E 04 21, die für eine Geschwindigkeit von 120/130 km/h gebaut wird. Der Rahmen ist auch hier aus Blechtafeln geschweißt und als Außenrahmen ausgebildet.

Die dritte elektrische Lokomotive ist eine Güter- und Personenzuglokomotive und besteht aus zwei Drehgestellen mit je zwei Treibachsen (Gattung BoBo, E 44 040). Sie nimmt 1200 t in der Ebene, 700 t im gebirgigen Gelände bei 90 km/h Höchstgeschwindigkeit. Über beiden Drehgestellen liegt der Brückenrahmen, der den Kastenaufbau trägt. Durch eine Achsdruckausgleichvorrichtung kann je nach der Fahrtrichtung die jeweils für die Zugkraft günstigste Lastverteilung herbeigeführt werden.

Sehr beachtenswerte Ausstellungsgegenstände sind die ein Gegenstück zu den Verbrennungstriebwagen bildenden Oberleitungstriebwagen; zunächst ein Schnelltriebwagen, el T 1900, zweiteilig, für 160 km/h (Bild 37). Die gesamte elektrische Ausrüstung ist dabei unter dem Wagenkasten untergebracht, eine konstruktiv sehr schwierige Aufgabe, namentlich bezüglich des 3000 kg wiegenden Umspanners. Angetrieben sind die beiden Enddrehgestelle an jeder Achse mit der hohen motorischen Gesamtleistung von 1200 PS, also erheblich mehr, als sie der „Fliegende Hamburger" besitzt, Das Gesamtgewicht ist dabei besetzt 90 t, die Zahl der Sitzplätze (2. Klasse) ist 77. Die erreichte Beschleunigung ist 0,7 m/sec^2. Der Wagen ist ein Glanzstück in seiner Innenausstattung.

Noch hervorstechender ist der Aussichtstriebwagen el T 1998 mit Oberleitung (Bild 48), im Eisenbahnwagenbau etwas ganz Neues und Ungewöhnliches, dem als Vorbild die Kraftomnibusse mit Glasverdeck dienten. Dach und Seitenwände über der Brüstung sind, abgesehen von den schmalen Rippen, vollständig aus Glas, um in landschaftlich schönen Gegenden möglichst unbehinderte Aussicht zu bieten. Auch hier ist die ganze elektrische Ausrüstung in das Untergestell verlegt. Der Wagen hat nur Motoren von zusammen 500 PS, da er seinem Zweck entsprechend nicht für übermäßige Geschwindigkeit bestimmt ist (Höchstgeschwindigkeit 120 km/h).

Die zu dem elektrischen Betrieb gehörende Streckenausrüstung in verschiedenen Fahrleitungsanordnungen, wie sie anläßlich der Hochsteigerung der Fahrgeschwindigkeiten ausgeführt bzw. der Erprobung unterstellt werden, sind längs der Ostseite der Halle gezeigt.

e) Güterwagen und Sonderfahrzeuge

Es wurde bereits in der Einleitung erwähnt, daß auch der Güterverkehr in den Wettlauf der Geschwindigkeiten einbezogen wurde. Dabei wurde nicht nur die Geschwindigkeit der Güterzüge im allgemeinen gesteigert, was schon seit einer Reihe von Jahren durch die Einführung der durchgehenden Güterzugdruckluftbremse ermöglicht worden war, sondern für sehr eilige Güter, die in rasch fahrenden Zügen des Personenverkehrs oder in eigens zusammengestellten Zügen mit Schnellzugsgeschwindigkeit befördert werden, erscheint der Bau eigener, nur für hohe Geschwindigkeiten gebauter Güterwagen notwendig, der für die letztere Verwendung auf Drehgestellwagen führt. Ein weiterer auch im Güterwagenbau sich auswirkender Gesichtspunkt ist die Leichtbauweise, die ebenso wie bei den Personenwagen durch Verwendung von Baustoffen höherer Festigkeit (St 52) und durchgeschweißte Konstruktion zu verwirklichen gesucht wird.

Als Vertreter der Wagen für hohe Geschwindigkeiten ist ein vierachsiger gedeckter Güterwagen der Gattung GGhs 41 für Schnellzüge ausgestellt, mit zweiachsigen Drehgestellen der Görlitzer Bauart, also auch mit Wiege versehen. Ferner ein zweiachsiger gedeckter Wagen Glhs 31 (Nr. 195 Bln) mit einem Achsabstand von 7 m der beiden als Lenkachsen ausgebildeten Radsätze. Ladelänge und Eigengewicht sind für die beiden Wagen 15 bzw. 9 m, 22,7 bzw. 12,7 t. Das Ladegewicht beider Wagen ist gleich, nämlich 15 t. Durch ein hochgewölbtes Dach, wie es künftig bei allen gedeckten Wagen ausgeführt wird, ist ein außerordentlich hoher Laderaum geschaffen. Beide Wagen besitzen eine Personenzugbremse mit Umstellung für Güterzüge und den Lastwechsel über das Gestänge, ferner haben sie Ringfederpuffer von 32 t Endkraft. Als besondere Vertreter der Leichtbauweise sehen wir einen zweiachsigen offenen Güterwagen der Gattung Om 21 (Nr. 019 Bln) für 20 t Ladegewicht mit Lenkachsen von 4,5 m Achsstand. Die Hülsenpuffer dieses Wagens haben 16 t Endkraft. Das Eigengewicht ist 8,9 t. Dem Bedürfnis, temperaturempfindliche Güter ohne Schaden auf weite Entfernungen zu befördern, wird durch Kühlwagen Rechnung getragen, wie an einer besonders für den Fährbootverkehr nach England bestimmten Ausführung Tbnhs 30 (Nr. 400 Bln) in der Ausstellung gezeigt wird. Der Wagenkasten ist mit Expansitkorkschrot, der auf der Außenseite des Wagengerippes aufgebracht ist, isoliert. Der Wagen enthält zwei Eisbehälter mit zusammen 2600 kg Fassungsvermögen und eine Luftumwälzanlage (Waggonfabrik Wismar).

Bildbogen zum Zweiten Kapitel: Die Nürnberger Jubiläumsausstellung im Sommer 1935

Die Eingangshalle — Feierliche Eröffnung — Ein Rundgang durch die Ausstellung — Moderne Dampflokomotiven für alle Aufgaben — Motorisierung wird großgeschrieben — Wagen und Gleise im Freigelände — Eine Rundfahrt mit dem „Adler"

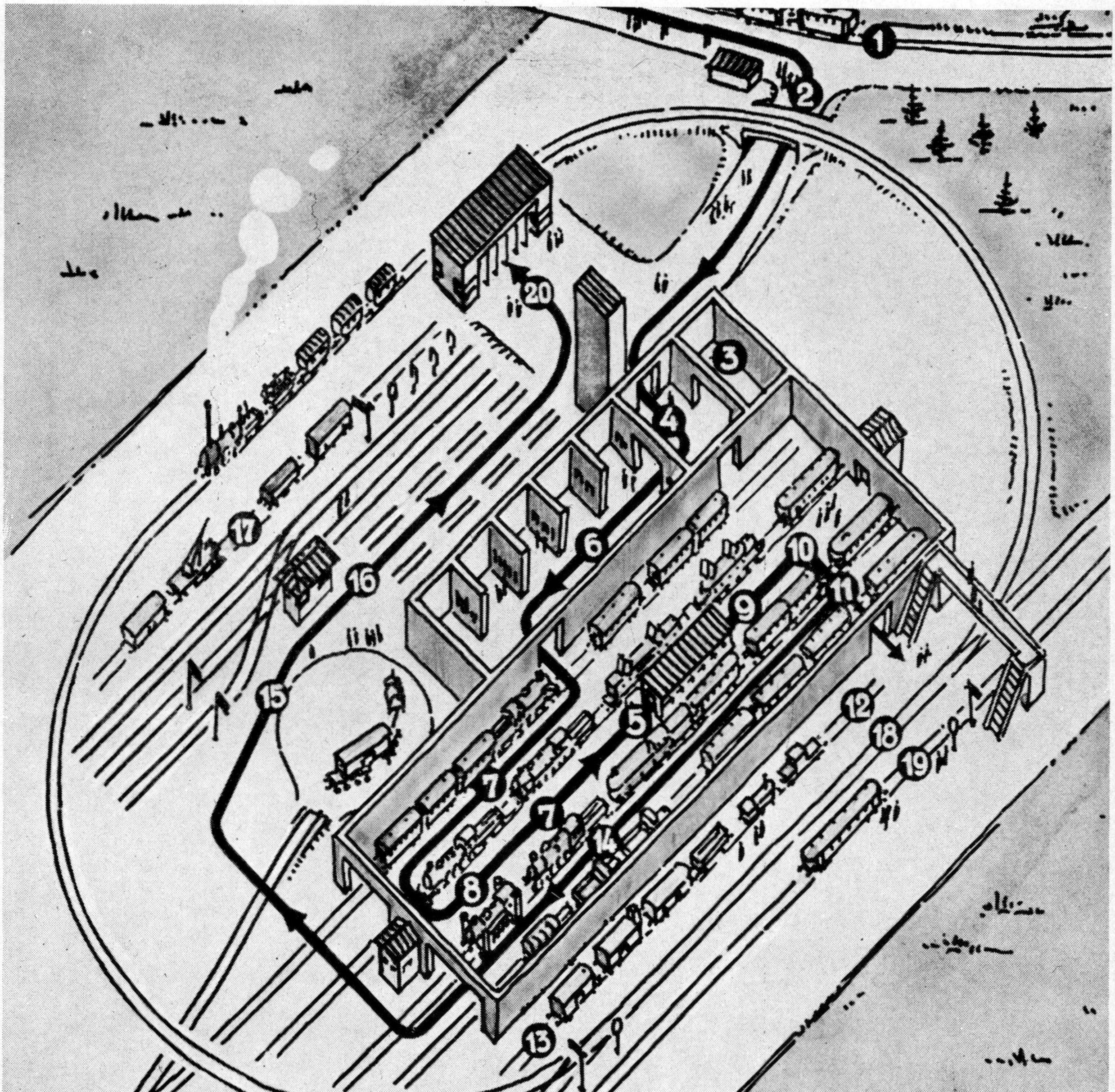

20 Der Weg durch die Ausstellung: 1 = Straßenbahn, 2 = Eingang, 3 = Büro, Post, 4 = Ehrenraum, 5 = Erfrischungen, 6 = Die Reichsbahn in Bild, Wort und Zahl, 7 = Dampflokomotiven, 8 = Hebebockanlage, 9 = Elektrische Fahrzeuge, 10 = Verbrennungstriebwagen, 11 = Personenwagen, 12 = Motor- und Kleinlokomotiven, 13 = Güterwagen, 14 = Straßenfahrzeuge, 15 = Straßenroller, 16 = Gleise und Oberbau, 17 = Sonderfahrzeuge, 18, 19 = Vorführgleise, 20 = Die erste deutsche Eisenbahn.

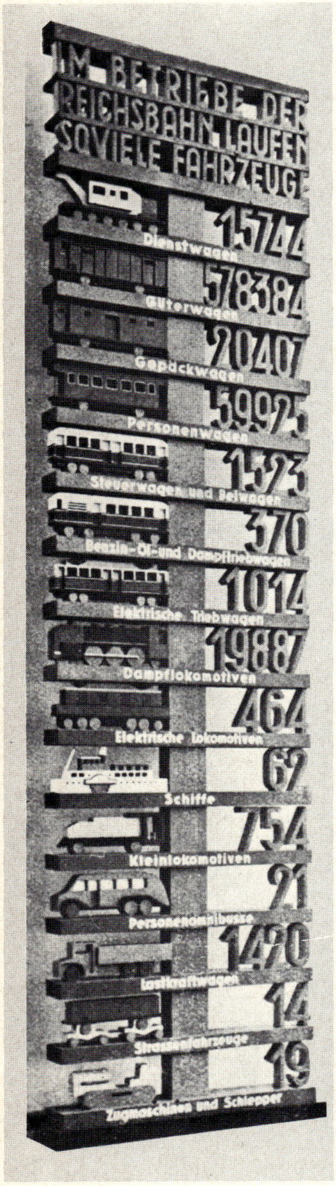
IM BETRIEBE DER
REICHSBAHN LAUFEN
SOVIELE FAHRZEUG
15744
Dienstwagen
578384
Güterwagen
20407
Gepäckwagen
Personenwagen
Steuerwagen und Beiwagen
370
Benzin-Öl-und Dampftriebwagen
1014
Elektrische Triebwagen
Dampflokomotiven
464
Elektrische Lokomotiven
67
Schiffe
754
Kleinlokomotiven
Personenomnibusse
1490
Lastkraftwagen
14
Straßenfahrzeuge
19
Zugmaschinen und Schlepper

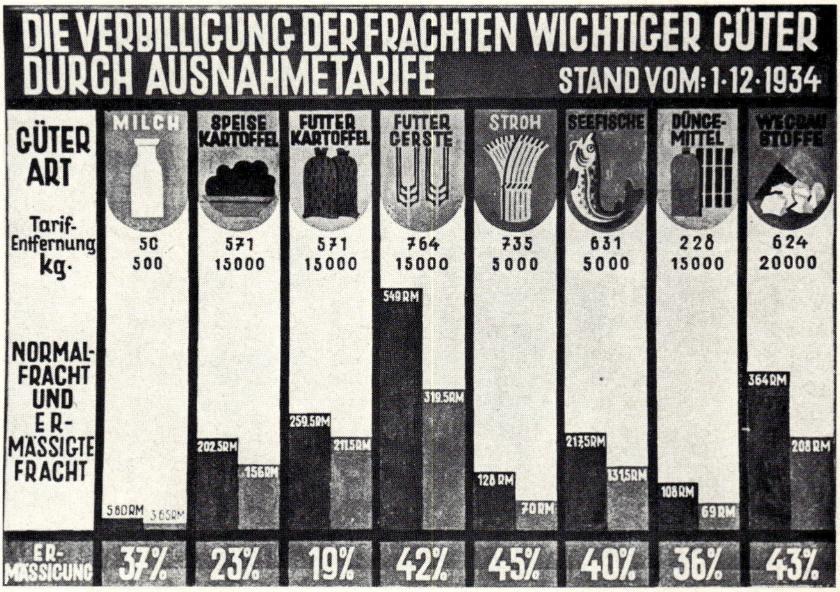
DIE VERBILLIGUNG DER FRACHTEN WICHTIGER GÜTER
DURCH AUSNAHMETARIFE
STAND VOM: 1·12·1934
GÜTER ART
Tarif-Entfernung kg.
NORMAL-FRACHT UND ER-MÄSSIGTE FRACHT
ER-MÄSSIGUNG
MILCH 50 500 58.0 RM 36.5 RM 37%
SPEISE KARTOFFEL 571 15000 202.5 RM 156 RM 23%
FUTTER KARTOFFEL 571 15000 259.5 RM 211.5 RM 19%
FUTTER GERSTE 764 15000 549 RM 319.5 RM 42%
STROH 735 5000 128 RM 70 RM 45%
SEEFISCHE 631 5000 217,5 RM 131,5 RM 40%
DÜNGE-MITTEL 228 15000 108 RM 69 RM 36%
STOFFE 624 20000 364 RM 208 RM 43%

21 Blick aus dem „Ludwigsbahnhof“ auf die Ausstellungshallen mit dem Eingangsturm.

22 Rundgang der Ehrengäste, darunter Generaldirektor Dorpmüller und Verkehrsminister v. Eltz-Rübenach, durch die Vorräume.

23/24 Schautafeln aus den Vorräumen teilen wichtige Daten aus der Arbeit der Reichsbahn mit.

25 Ein erster Rundgang durch die Fahrzeugschau. Bild für Bild kann nun der Leser, auf den größen Übersichtsplan der Seite 43 gestützt, in Gedanken selbst durch die Ausstellung wandern.

26/27 Vierzylinder-Verbund-Schnellzuglokomotive 02 101, zunächst noch ohne Nummernschild auf der Nürnberger Jubiläumsausstellung.
(Krupp 1932)

28 Mitteldruck-Versuchslokomotive 44 011 (Henschel 1932) für 25 atü Kesseldruck, gleichfalls mit Vierzylinder-Verbundmaschine.

29 Leichte Rangierlok 89 004; Heißdampfausführung für sparsamen Betrieb. (Henschel 1935)

30 Nebenbahnmaschine 71 002 (Schwartzkopff 1934), für Einmannbetrieb vorgesehen.

31 Mitteldruck-Versuchslokomotive 24 069 (Borsig 1932) mit Zweizylinder-Verbundantrieb.

32 Nebenbahn-Einheitslok 64 349 (Esslingen 1935).

33 Güterzug-Tenderlokomotive 86 212 (Schichau 1935).

34 Leichte Schnellzuglok E 04 21 (AEG).

35 Elektrische Lokomotive E 44 040 (SSW/Krauss-Maffei) für gemischten Betrieb.

36 Elektrische Lokomotiven des Jahres 1935, so die E 18 02 (AEG), besaßen einen blaugrauen Kastenanstrich.

37 Schnelltriebwagen el T 1900 für 160 km/h, spätere Bezeichnung ET 11. Der Wagen wird derzeit als Museumsfahrzeug der Deutschen Gesellschaft für Eisenbahngeschichte restauriert.

38 Lokomotive 61 001 mit Stromlinienzug nach der Ankunft auf dem Ausstellungsgelände.

39 Der Henschel-Wegmann-Zug am Rande der Halle.

27
Wechselstrom-
Schnelltriebwagen
Unterrichtswagen

17
Stromlinienzug
mit Dampflokomotive für 170 km Std.
61 001

6
1835 - 1935
100 Jahre
Deutsche Eisenbahn
6
Deutsches Reich

12
1835 - 1935
100 Jahre
Deutsche Eisenbahn
12
Deutsches Reich

25
1835 - 1935
100 Jahre
Deutsche Eisenbahn
25
Deutsches Reich

22
Stromlinien-Dampflokomotive
24
Mitropa Schlafwagen
26
Mitropa Speisewagen
26
Mitropa Speisewagen
28

40—43 Die Sondermarken der Reichspost zum Eisenbahnjubiläum hat der Münchner Maler Karl Diebitsch entworfen.

44 Die große Stromlinienlokomotive 05 001, inzwischen mit vergrößerten Windleitblechen am Kamin, erhält den letzten Schliff. Heute steht sie, nicht weit entfernt, im Nürnberger Verkehrsmuseum.

45/46 Schnelltriebwagen „Typ Leipzig".

47/48 Elektrischer Aussichtstriebwagen el T 1998, spätere Bezeichnung ET 91 (491).

49 Glücklich in den Nürnberger Hallen eingetroffen! Heute steht die Maschine V 140 im Deutschen Museum, München.

50 Kö 4654 (Jung 1935), Leistungsgruppe II (über 50 PS); mit Zahnradgetriebe.

51 Kleinlok Kö 0200, Leistungsgruppe I.

52 Zweikraft-Kleinlokomotive V 16 004 (SSW 1933), mit Dieselmotor und Akkumulator.

53 Kleinlok Köf 4814 (BMAG 1935), mit Voith-Flüssigkeitsgetriebe.

54 Einheits-Kleinlokomotive Kb 4758 (O & K 1935) mit Sauggasanlage für Schwelkoks, erste betriebstüchtige Ausführung.

55 Dieselhydraulischer Nebenbahntriebwagen VT 135 049 Regensburg.

56 Der Leichttriebwagen VT 135 008 mit Zugsicherungsanlagen für Indusi (vorn) und Opsi (hinten).

57 Probefahrten-Bahnsteig mit Lok 01 1046 und VT 135 008, links die am Hallenrand aufgestellten Kleintriebwagen.

58 Ein jugendlicher Besucher am Steuerungsrad der Dampflok.

59 Blick auf die Schnellzuglokomotive 01 146 (Krupp 1935), die zur Erklärung der Rangierfunkanlage im Freien verkehrt.

39
38 Postwagen

62-107 Deutsche Reichsbahn
VONHAUS ZU HAUS
ich fahre mit Holzgas

Deutsche Reichsbahn
DR-55006

60 Blick von der Fußgängerbrücke auf die Fahrgleise und die abgestellten Güterwagen, Tieflader, Kleinloks und Leichttriebwagen am östlichen Rand der Halle.

61 Bayerische G 4/5 H-Lokomotive 56 987 im Hebebock.

62 Ein kurzer Blick auf den Bahnsteig mit Güter-, Post- und Packwagen.

63 Holzgas-Lastwagen für die Direktion Königsberg mit Behälter.

64 Henschel-Dampflastwagen für die Reichsbahn.

65 Das „fahrbahre Anschlußgleis“ von Culemeyer; im Hintergrund der 75-t-Kran und zahlreiche Dienstwagen.

66 Straßenroller mit Kippvorrichtung, dahinter der Henschel-Wegmann-Zug.

67 Eine Großladeschwinge der Reichsbahn für den Behälterverkehr.

68/69 Draisinen mit Motor- und Handbetrieb.

70/71 Kraftrottenwagen mit Motor- und Batteriebetrieb.

72 Weichenbaukran im Freigelände.

73 Alte bayerische Weiche und moderne Flachweiche.

74 Weichentransportwagen beim Entladen.

75 Niemag-Gleisbaukran für komplette Gleisjoche.

76 Am Eröffnungstag, den 14. Juli 1935, begibt sich auch Reichsbahn-Generaldirektor Dorpmüller zum Bahnhof der ersten deutschen Eisenbahn.

77 Betriebsrevisor Schnitzenberger auf seiner Maschine.

78 Der „erste deutsche Eisenbahner“ auf dem Führerstand der alten Lokomotive.

79 Anschließend setzt sich der Zug zur Eröffnungsfahrt in Bewegung.

80/81 Zweihunderttausend Personen fahren während der Ausstellung mit dem historischen Zug.

82 Von seiner Rundfahrt kehrt der Zug in den „Ludwigsbahnhof“ zurück. Rechts unter dem Hallendach das Gleis mit den Kleinlokomotiven und Güterwagen, davor zwei Motortriebwagen. Links VT 135 008 zur Vorführung der Zugbeeinflussung.

Bildbogen zum Dritten Kapitel: Die große Fahrzeugparade vom 8. Dezember 1935

„Zur Parade alles bereit!" — Historische Züge — Moderne Schnellfahrlokomotiven — Schnelltriebwagen aller Art — Bunte Palette der Reichsbahnzüge — Besichtigung von Führerständen

83 Vor Beginn der Fahrzeugparade am Nürnberger Rangierbahnhof: Der Schnellzug aus zehn Einheitslokomotiven der Reihen 01 und 03 neben dem „Adler" mit dem Ludwigsbahnzug.

84 Zug um Zug werden die Fahrzeuge aus der Abstellposition zur Parade abgerufen. Ganz links wartet 01 156 mit dem Rheingoldzug.

85 Julius Dorpmüller meldet: „Zur Fahrzeugparade alles bereit!“

86 Unter ohrenbetäubendem Pfeifen rasen die zehn Schnellzugloks an der Ehrentribüne vorbei.

87 Nun ist der „Adler“ an der Reihe.

88 Julius Dorpmüller und sein Gast während der Parade.

89 Crampton-Lokomotive „Die Pfalz“ mit Bismarcks Salonwagen.

90 Sodann nähert sich die Stromlinienlok 05 001 mit einem Fernschnellzug neuester Bauart.

91 Der Henschel-Wegmann-Zug während der Parade. Vier Bilder dieser Seite wurden bereits während der Generalprobe aufgenommen.

92 Programmpunkt 6: Der Wechselstrom-Schnelltriebwagen.

93 Als Punkt 7 folgt der „Fliegende Hamger". Inzwischen hat sich der Himmel sehr bewölkt.

94 Punkt 8 bildet der dreiteilige Wagen vom „Typ Leipzig".

95 Punkt 14: Lokomotive 84 001 mit den Schotterwagen.

96 Aussichtstriebwagen el T 1999, Punkt 22 der Parade.

97 Ein Kraft-durch-Freude-Zug mit Lok 64 363 schließt die die Parade nach 31 Punkten.

98 Ausflüge im KdF-Zug.

99 Schlepper mit Culemeyer-Straßenroller.

100 Ein Mercedes-Omnibus für die Reichsautobahnen.

101 Hitler besichtigt den Führerstand der Lok 05 001.

Auch der Großgüterwagen hat bekanntlich im letzten Jahrzehnt bei der Deutschen Reichsbahn sich eingeführt. Als Vertreter ist ein vierachsiger Selbstentladewagen OOt 23 (Nr. 114 Bln) für Kohle, als Sattelwagen mit Seitenentladung gebaut, mit einem Fassungsvermögen von 75 m^3 ausgestellt: zur Gewichtsverminderung hat er leichte Radsätze der Bauart Uerdingen erhalten, erstmals für eine Achslast von 20 t. Der ebenfalls für den Transport von Kohlen und Koks bestimmte Kübelwagen Okmm 38 (Nr. 131 Bln), bei dem die Kohle zur schonenden Behandlung in Kübeln versandt wird, faßt drei Kübel von je 12 m^3 oder je 9 t Kohle und hat bei 12,8 t Eigengewicht eine Tragfähigkeit von 27 t.

Die schwersten Lasten befördert der 140-t-Tiefladewagen Köln 12 961 mit zwei fünfachsigen Drehgestellen; er ist der größte Tiefladewagen, den die Deutsche Reichsbahn besitzt. Trotz der hohen Nutzlast konnte das Eigengewicht von LHB durch Anwendung der geschweißten Bauweise auf 55 t gehalten werden. Die an den Drehgestellen sitzenden Puffer haben 45 t Endkraft. Besonderes Aufsehen erregt der Ardelt-Großkranwagen (Bild 65), der eine Last von 75 t bei einer Ausladung von 9,5 m und von 20 t bei einer Ausladung von 19 m zu heben vermag, unter Antrieb durch eine Dampfmaschine. Er hat als Untergestell zwei dreiachsige Drehgestelle, die die Einstellung in Güterzüge von 65 km/h Höchstgeschwindigkeit gestatten.

f) Lastkraftwagen und Straßenbeförderer

Außer den Schienenfahrzeugen befinden sich in der Halle noch drei Vertreter des von der Reichsbahn neu aufgenommenen Lastkraftwagenbetriebes, und zwar sämtlich der 5-t-Type zugehörend. Sie unterscheiden sich hinsichtlich des Antriebes und zeigen damit ebenso, wie wir dies oben bei den Kleinlokomotiven sahen und wie dies auf dem Gebiet des Triebwagens geschieht, die Bestrebungen der Reichsbahn, die vorteilhafteste Betriebsart, namentlich auch abzielend auf die Verwendung heimischer Treibstoffe, herauszufinden. So hat der eine der drei Lastkraftwagen eine Sauggasanlage, der zweite einen Dampfmaschinenantrieb, der dritte den normalen Dieselmotor. Letzterer zeigt außerdem eine Einrichtung zum Aufziehen eines fahrbaren Großbehälters vom Boden auf die Ladefläche. Diese Fahrzeuge leiten über zu den im Freien aufzustellenden Straßenfahrzeugen für die Beförderung ganzer Güterwagen, die also tatsächlich den „Sprung aus dem Gleis" ermöglichen. Außer der bekannten Type mit getrenntem Schleppfahrzeug ist ein sechsachsiges — zwölfrädriges — Fahrzeug, bei dem Antriebsgestell und Traggestell vereinigt sind, ausgestellt, um das Ladegewicht für die Reibung nutzbar zu machen. Das Fahrzeug wiegt 11 t und kann Güterwagen mit einem Höchstgewicht von 32 t noch auf einer Steigung von 1 : 20 befördern. Neu und besonders bemerkenswert ist das als „Schwerlastfahrzeug" bezeichnete Straßenfahrzeug, denn es greift in seiner Verwendung und Tragfähigkeit noch über die Beförderung von Eisenbahnwagen hinaus, ja über die Leistung der Eisenbahn überhaupt; denn es gibt Güter, die wohl in ihrem Gewicht noch zu bewältigen wären, nicht aber hinsichtlich ihrer das beschränkte Eisenbahnprofil überschreitenden Abmessungen. Die Tragfähigkeit dieses Fahrzeuges ist 80 t, die einschließlich des Eigengewichts von 12 t auf 24 Räder (je 4 in einer Reihe) verteilt sind. Das Fahrzeug ist z. Z. noch nicht auf der Ausstellung eingetroffen.

g) Oberbau, Sicherungs- und Fernmeldewesen

Die große Fahrzeugschau zeigt, daß künftig die Reichsbahn auf einem großen Netz ihre Reisenden mit der riesigen Geschwindigkeit von 160 Stundenkilometern befördern wird. Auf dem Freigelände und der Innenschau der Ausstellung ist an zahlreichen Beispielen ein Überblick im großen über den heutigen Stand des deutschen Eisenbahnoberbaues gegeben. Der Oberbau, der heute den Anforderungen am besten entspricht, ist der bekannte „Reichsbahn-Oberbau K 49" auf Holz- und Eisenschwellen. Seine kräftige Schiene S 49 hat ein Gewicht von 48,90 kg/m und eine Regellänge von 15 m und 30 m. Auf der Ausstellung ist er in größeren Gleisstücken gezeigt. Erwähnt sei, daß auch der Tunneloberbau T 49 auf Holzschwellen mit gußeisernen Stühlen dargestellt ist. Neben dem geschilderten Regeloberbau erregen einige Versuchsanordnungen besonderes Interesse (Bauart Krupp, Röchling, Neunkirchen, Rüping). In einer Reihe damit liegen Gleisanordnungen, wie sie vor hundert Jahren als Vorläufer unserer heutigen Gleise gebaut wurden.

Eine sorgfältige Durchbildung erhalten heute die Weichen. Die neuen „Reichsbahnweichen" ermöglichen mit ihren besonderen geometrischen Bedingungen, ihren großen Halbmessern und der starken Verbindung der Teile auch bei großen Lasten und hohen Geschwindigkeiten ein ruhiges Befahren. Auf der Ausstellung sind mehrere Reichsbahnweichen gezeigt. Durch die ganze Länge des Freigeländes ziehen sich die Gleise eines Bahnhofkopfes. Sie sind hergestellt mit dem Oberbau K 49 auf Holzschwellen mit 30 m langen Schienen. Die Abzweigung in das Überholungsgleis bildet eine einfache Weiche 49—300—1 : 9 (Gz) auf Holzschwellen und eine einfache Kreuzungsweiche 49—300—1 : 9 (Gz) auf Eisenschwellen.

Eindrucksvoll zeigt die ausgestellte neueste Reichsbahn-Flachweiche 49—1200—1 : 18,5, wie im Gleisbau versucht wird, dauernd hohe Geschwindigkeiten für die Züge zu ermöglichen. Diese riesige Weiche mit einer Gesamtlänge von 64,818 m hat einen Bogenhalbmesser von 1200 m. Er gestattet durch den krummen Strang eine Fahrgeschwindigkeit von 100 km/h. Die Weiche, die hauptsächlich für die Abzweigung von Schnellzugstrecken verwendet wird, zwingt also nur mehr zu unbedeutender Geschwindigkeitsermäßigung beim Befahren der Krümmung. Vergleicht man mit dieser mächtigen Konstruktion die neben ihr liegende alte bayerische Weiche mit gerader Zunge und einer Länge von 27 m, so erkennt man, welch weiter Weg der Entwicklung zwischen beiden liegt.

Zur möglichst vollkommenen Form müssen aber gut ausgebildete Bauverfahren und Baugeräte für den Oberbau kommen, um eine sichere Gleislage und einen schnellen Baufortschritt zu erzielen. So ist das Verlegen des Reichsbahnoberbaues auf Eisenschwellen mit Bettungswalze und Füllformen praktisch gezeigt.

Beim Gleisbau ist ein wichtiges Hilfsmittel die Schienenschweißung geworden, mit der es möglich ist, einzelne Schienen zu großen Stücken zu verbinden. Gezeigt wird im Freigelände der Werdegang der Thermitschweißung mit den zugehörigen Geräten. Proben der elektrischen Widerstandsschweißung ergänzen diese Darstellung.

Das Verlegen oder Umbauen von Gleisen mit der Hand ist oft zu langwierig. Längere Störungen des Zugverkehrs können aber vermieden werden durch Einsatz neuzeitlicher Maschinen. Von den Großgeräten für den Gleisbau interessiert der Weichenbaukran (Hannover 800 201 und 800 202) neuester Bauart mit 20 t Tragkraft. Er kann große Weichenteile auf einmal heben und gestattet in kürzester Zeit Weichen umzubauen. Behinderungen des Betriebes lassen sich auf diese Weise erheblich mildern. Gezeigt sind noch weitere moderne Geräte: ein Weichenbeförderungswagen, ein Niemag-Gleisbaukran, eine Ladung Schienen mit 30 m Länge und Abladevorrichtung, Schotterselbstentladewagen, neuzeitliche Gleisbaumaschinen und Nebenfahrzeuge.

Große Bedeutung kommt nicht zuletzt dem ausgestellten Oberbaumeßwagen zu. Er gestattet an den Gleisen, die sich im Betrieb befinden, hinsichtlich Höhenlage, Spurweite, Lage der Schienenstöße und Gleisrichtung genaue Messungen vorzunehmen. So werden Fehler festgestellt und ihre Beseitigung ermöglicht. Für gute Gleislage und damit für die Sicherheit des Zugverkehrs und seine größtmögliche Beschleunigung ist dieser Meßwagen daher heute von größter Wichtigkeit.

Die hohen Geschwindigkeiten haben auch im Eisenbahnsicherungswesen eine Reihe wichtiger Neuerungen bedingt. Um die nun besonders nötige gute Erkennbarkeit der Signale auf weite Entfernung zu sichern, wird jetzt bei Signalflügeln und Scheiben sowie bei den roten und weißen Blechen an den Masten statt des leicht verschmutzenden Ölanstrichs ein Schmelzüberzug verwendet, der leicht zu reinigen ist und stets ein deutliches Farbbild bietet. Eine wichtige Neuerung ist die Einführung des Vorsignals mit Zusatzflügel. Mit ihm wird angezeigt, ob am Hauptsignal „Halt", „Fahrt frei" oder „Fahrt frei mit Geschwindigkeitsermäßigung" zu erwarten ist. Damit wird schon am Vorsignal die Stellung des Hauptsignals angegeben, was für den Begriff „Fahrt frei" mit oder ohne Geschwindigkeitsbeschränkung nicht möglich war. Da für die hohen Geschwindigkeiten ein großer Bremsweg nötig ist und deshalb das Vorsignal bis auf 1000 m vom Hauptsignal abgerückt werden muß, ist diese eindeutige Signalgebung schon am Vorsignal nötig geworden. Für die Vorsignalbeleuchtung werden nunmehr großenteils Dauerbrandlaternen verwendet, die ununterbrochen 14 Tage brennen. Die tägliche Bedienung fällt also weg, was bei den großen Vorsignalabständen von Vorteil ist.

Diese Einrichtungen, die also der Schnelligkeit und Sicherheit des Zugverkehrs dienen, sind in der Ausstellung bei dem schon erwähnten Bahnhofkopf im Freigelände aufgestellt, und zwar betriebsfähig angeschlossen an ein elektrisches Vierreihenstellwerk der Bauart VES. Dieses Stellwerk ermöglicht die Zusammenfassung vieler Hebel auf engem Raum, die übersichtlich und bequem zu bedienen sind. Die Gleise sind außerdem mit einer selbsttätigen Gleisfreimeldeanlage durch isolierte Schienen ausgestattet. Bei dichtem Zugbetrieb, wie ihn der aufgelockerte Fahrplan mit sich bringt, und unübersichtlichen Gleisen wird durch diese Anlage menschliche Unzulänglichkeit bei der Gleisfreiprüfung ausgeschaltet. Die Freigabe eines Einfahrsignales ist dann nur möglich, wenn das betreffende Bahnhofsgleis von Fahrzeugen wirklich frei ist.

Alle Abhängigkeiten eines Stellwerks sind aber dann ohne Erfolg, wenn aus irgend welchen Gründen der Lokomotivführer ein Haltsignal nicht beachten sollte. Gerade bei den hohen Geschwindigkeiten von 160 km/h, wie sie jetzt kommen werden, könnten die Folgen eines solchen Vorkommnisses sehr schwerwiegend sein. Daher werden die Strecken, die mit Höchstgeschwindigkeiten befahren werden, und die schnellsten Züge auf ihnen mit Zugbeeinflussung ausgerüstet. Sie schließt das letzte Glied in der Kette der Sicherungen. Die induktive und optische Zugbeeinflussung (Indusi und Opsi), die beide angewendet werden, haben die Aufgabe, den Zug und seine Geschwindigkeit so zu überwachen, daß das Überfahren von Hauptsignalen oder das Überschreiten zulässiger Höchstgeschwindigkeiten verhindert wird. Ein Netz von etwa 5000 km Länge wird zur Zeit mit diesen Einrichtungen versehen.

Auf der Ausstellung ist ein Triebwagen, VT 135 008, mit beiden Systemen der Beeinflussung ausgerüstet, und zwar ist im einen Führerstand die induktive, im anderen die optische Zugbeeinflussung eingerichtet. Eine Vorführungsstrecke ist für beide Fahrtrichtungen mit Vor- und Hauptsignalen versehen. In der einen Fahrtrichtung liegen die Spiegel für die Opsi, in der anderen die Magnete für die Indusi. Dem Besucher kann damit bei Versuchsfahrten die Wachsamkeitsprüfung, die unbedingte Fahrsperre und die Geschwindigkeitsüberwachung vor dem Hauptsignal gezeigt werden.

Die Fernsprech- und Meldeanlagen einer Zugüberwachungsstelle sowie eine elektrische Uhr mit automatischer Richtigstellung, deren Zeitzeichen im Telegraphenapparat ankommt, sind in den Innenräumen als Teile neuzeitlicher Betriebsführung erklärt und vorgeführt.

Eine für den Rangierbetrieb vorteilhafte Einrichtung ist die Rangierfunkanlage, die auf der im Betrieb vorgeführten 01-Lokomotive angebracht ist. Sie ermöglicht es, zwischen einer Lokomotive und einem Rangieraufsichtsposten drahtlos zu sprechen und damit den Rangierbetrieb sicherer und rascher zu gestalten.

Damit nähern wir uns dem Ende des Rundgangs durch die Jubiläumsausstellung. Den Abschluß aber bildet der Gang zum Ludwigsbahnhof, auf dem der „Adler" und die Wagen des ersten deutschen Eisenbahnzuges in naturgetreuer Nachbildung die Gäste erwarten. Aus den Wagen schallen ihnen die Heilrufe lebhafter Kinderscharen, teilweise im Kostüm der Zeit vor hundert Jahren, entgegen. Der Zug ist nebst den alten Gleisstücken im Freigelände das einzige Stück, das der Vergangenheit entnommen ist, und er knüpft sinnvoll das Band zwischen Anfang und Ende des Jahrhunderts. Die Lokomotive wurde auf Grund eingehender Quellenstudien im Reichsbahn-Ausbesserungswerk Kaiserslautern, die fünf Wagen verschiedener Typen wurden, ebenfalls nach den alten Unterlagen, im Reichsbahn-Ausbesserungswerk Nürnberg gebaut. Der Zug (Bild 80) fährt auf einer eigens hergestellten Bahn, die in einer Länge von rund 2 km das Ausstellungsgelände umzieht. Führer, Heizer und Bremser zeigen sich in der Tracht der alten Zeit. Es ist ein zu innerer Betrachtung über den Wandel der Zeit und das Werden und Vergehen anregendes Bild, neben der riesenhaften Einheitsschnellzuglokomotive 01 146 die zierliche, kleine Lokomotive „Adler", den Urahnen der deutschen Lokomotiven, sich bewegen zu sehen, und weder Gauleiter Streicher noch Generaldirektor Dr. Dorpmüller, wie auch andere hohe Gäste, ließen es sich nehmen, mit der Kinderschar — Generaldirektor Dr. Dorpmüller auf dem Führerstand der Lokomotive neben dem Lokomotivführer im hohen Hut und Biedermeierkostüm — eine Fahrt mit dem Fahrzeug ihrer Urgroßeltern zu machen.

Von den vielen Ausstellungsbesuchern, die wir noch erwarten, wird kaum ein Gast das Erlebnis versäumen, mit der „ersten Eisenbahn Deutschlands" gefahren zu sein. Da mag es manchen interessieren, daß der Führer des „Adler", dem er sich bei dieser Fahrt anvertraut, Lokomotivbetriebsrevisor Schnitzenberger, selbst auf eine nahezu hundertjährige Eisenbahntradition in seiner Familie zurückschauen kann. Schon sein Großvater war als Sektionspalier bei einer der ersten Eisenbahnbauten tätig; sein Vater war lange Jahre Bahnmeister bei der Ostbahn-Gesellschaft und er selbst leistet nun schon 47 Jahre, davon 41 Jahre auf der Lokomotive, zuerst der Bayerischen Staatsbahn und nun der Reichsbahn treue Dienste; es ist für ihn ein Stolz und eine Freude, daß er am Ende seiner Laufbahn, während deren er die verschiedensten Lokomotiven bis zu ihrer jetzigen Vollendung kennen und führen lernte, noch einmal die führen darf, die den Siegeszug der Eisenbahn in seinem Vaterland einleitete.

Als Ganzes betrachtet, erscheint die Ausstellung, die die Deutsche Reichsbahn vollständig selbständig aus eigenen Mitteln aufgebaut hat, als ein Zeugnis unermüdlichen Vorwärtsstrebens, rastlosen Fortschrittes auf allen Gebieten und unentwegten Einsatzes zum Wohle des deutschen Volkes. —"

So weit unser Rundgang durch die Nürnberger Jubiläumsausstellung, die nun für drei Monate jedem Interessierten gegen Zahlung von 40 Rpf. offenstand. Einen sehr starken Besucheransturm erlebte man zwischen dem 12. und 17. September, als in Nürnberg der „Reichsparteitag der Freiheit" abgehalten wurde. 532 Vollsonderzüge brachten in diesen Tagen rund 850 000 Menschen in die Stadt; der Eintrittspreis für Verkehrsmuseum und Ausstellung war auf 20 Rpf. gesenkt. Um den reibungslosen Transport dieser Massen zu gewährleisten, war der Bahnhof Dutzendteich neugestaltet worden, außerdem hatte man im Hauptbahnhof, im Rangierbahnhof sowie auf den Stationen Schweinau und Nürnberg Ost neue Gleise, Fahrstraßen, Bahnsteige, Gebäude und weitere betriebliche Anlagen gebaut. Wegen der großen Überbelegung aller in Nürnberg in Betracht kommenden Unterkunftsmöglichkeiten trat das Amt für Ehrengäste mit der Bitte an die Reichsbahn heran, neben dem schon im Vorjahr eingeführten Zug von Salon- und Schlafwagen für das Diplomatische Korps im Güterbahnhof Nord noch einen weiteren Zug für die Ehrengäste der Partei zu stellen. Innerhalb von nur acht Tagen wurden auf vier Freiladehofgleisen des Güterbahnhofs Süd noch 30 Schlaf- und fünf Speisewagen aufgefahren und an die Installation angeschlossen, ferner wurde ein Badehaus mit eigener Heizlokomotive errichtet, um jeden Komfort zu bieten.

Erst einen Monat später, am 13. Oktober 1935, schloß die Jubiläumsausstellung ihre Pforten endgültig. Dieser letzte Sonntag brachte nochmals über 25 000 Gäste; die Zahl von einer halben Million Besuchern, die schon vor dem 10. Oktober erreicht war, wurde damit überschritten. Mehr als hundert Sonderzüge waren seit dem 14. Juli mit dem ausgesprochenen Zweck des Besuchs der Ausstellung aus allen Teilen Deutschlands nach Nürnberg gefahren worden. An Einzelheiten sei noch erwähnt, daß der „Adler" mit der Ludwigseisenbahn in diesen Monaten über 5400 km in der Ausstellung zurückgelegt und mehr als 200 000 Personen befördert hat. Er hatte trotz dieser Leistung nur einen Verbrauch von 22 t Kohle und 150 m^3 Wasser. Auch die Fahrt auf der großen Schnellzuglokomotive Reihe 01 hat mit 35 000 Fahrgästen und die Vorführung der induktiven und optischen Zugbeeinflussung auf dem Triebwagen mit 10 000 wissensdurstigen Besuchern die Aufmerksamkeit weitester Kreise gefunden. Ausländische Gäste in großer Zahl besuchten die Ausstellung, und die gesamte in- und ausländische Presse berichtete wiederholt in Worten höchster Anerkennung von der Schau. Mit Genugtuung konnte die Deutsche Reichsbahn auf diesen Erfolg zurückblicken, und mit dementsprechend großem Stolz ging man bei der Zentrale in Berlin und bei der Direktion in Nürnberg an die Vorbereitung des Schluß- und Höhepunkts im Jubiläumsjahr, an die Planung der dreitägigen Jahrhundertfeier im Dezember 1935.

Drittes Kapitel: Die große Fahrzeugparade vom 8. Dezember 1935

Ein Dezernent plant die Parade — Der Zufall wird ausgeschlossen — Programmänderungen — Eine Generalprobe — Zehntausend Eisenbahner in Nürnbergs Straßen — Ausländische Ehrengäste — Zwei bedeutsame Festansprachen — Die Parade der Lokomotiven, Waggons und Triebwagen — Schienenfahrräder und Straßenroller sind dabei — Die Rückkehr zum Alltagsbetrieb

An der Ausrichtung dieses Ereignisses waren zahllose Ämter und Behörden neben der Deutschen Reichsbahn beteiligt. Der Führer hatte die Schirmherrschaft bei den Feierlichkeiten übernommen und sein Kommen angekündigt, so daß Reichskanzlei, Partei und Propagandaministerium eigene Wünsche anmeldeten, die in das Programm einflossen: Platzkonzerte, ein Kameradschaftsabend, Kranzniederlegungen, ein Festakt, eine große Parade von Reichsbahnfahrzeugen, mehrere Empfänge, eine Festvorstellung der Oper und der Besuch einer Reichsautobahnstrecke wurden schließlich miteinander verbunden und auf den 7. bis 9. Dezember 1935 festgelegt.

Die Vorbereitung der Fahrzeugparade lag wieder in den Händen des Dezernenten Dr.-Ing. H. Uebelacker von der Direktion Nürnberg, dem Oberrat Hörmann vom Zentralamt München und der Direktor bei der Reichsbahn Reutener vom Zentralamt für Maschinenbau in Berlin zur Seite traten. Aufgrund ihrer Besprechungen verfügte die Hauptverwaltung am 25. und 30. Oktober 1935 die endgültige Liste der Lokomotiven und Wagen, die zur Demonstration vorüberrollen sollten. Wie durch die Jubiläumausstellung, sollte auch mit der großen Parade in erster Linie die Leistungsfähigkeit und Fortschrittlichkeit der modernen Eisenbahn unter Beweis gestellt werden. Eine Anzahl von Maschinen, die schon in den Hallen gezeigt worden waren, wurden deshalb aus dem Betrieb gezogen, eilig zu den Herstellern oder Ausbesserungswerken geschickt und dort aufgefrischt: 02 101, 05 001, 24 069, 61 001, 71 002, E 18 02, V 16 101 und Kö 0200 nahmen diesen Weg. Weitere Fahrzeuge neuester Bauart wurden sofort nach der Abnahme in den Schuppen gestellt, um sie im Dezember makellos präsentieren zu können: E 04 22, E 44 042, E 93 03 (Ablieferung 28. Oktober 1935), el T 1826 (12. Oktober), el T 1900 (2. Dezember), el T 1999 (30. Juli), VT 137 078 sowie die Dampflokomotiven 01 156, 64 363 und 84 001 kamen brandneu nach Nürnberg, ebenso der Rottenwagen und das Gleiskraftrad.

Bei allem Vertrauen in die termingerechte Fertigstellung und die Betriebssicherheit der Fahrzeuge mußten die Programmgestalter hier beweglich und mit erheblichen Reserven planen: Falls die 84 001 von Schwartzkopff nicht rechtzeitig eintreffen sollte, die für die auf Regelspur umgebaute Bahn Heidenau — Altenberg zu liefern war, konnte eine der bei der Rbd Karlsruhe für die Höllentalbahn vorgehaltene Lokomotive der Reihe 85 einspringen; für die Schnellfahrlok 05 001 war bei der Versuchsabteilung Grunewald deren Schwester 05 002 vorgesehen, und falls es bei Schichau mit der 86 234 Ausfälle geben sollte, mußte die Direktion Hannover die dort eingesetzte 86 223 stellen. Unter den Dampftriebwagen standen die Fahrzeuge DT 852 oder DT 857 zur Wahl, die im Raw Dessau noch zur Reparatur abgestellt waren. Für die nicht recht erprobte Mitteldrucklok 44 011 sollte das Raw Meiningen eine dort gerade überholte 43 oder 44 anrollen lassen.

Dennoch blieb die Planung nicht von betrieblichem Malheur verschont: In dem kleinen Triebwagen VT 135 009 wurde der Motor schadhaft, und das Raw Nürnberg konnte nur mit Mühe in der kurzen Zeit eine Reserveanlage einbauen. Die Kleinlok Kb 4758 wurde als betriebsunbrauchbar abgemeldet; zuvor war schon die Akkulok V 16 004 aus dem Programm entfallen. Zwei Sorgenkinder der Jubiläumsausstellung machten auch im November wieder von sich reden: An der neuen Diesellok V 16 101 war das Ritzel des Hochgangs gebrochen, doch dank der unermüdlichen Bemühungen von Inspekor Reutter gelang es, sie fristgerecht wiederherzustellen. Hingegen ging der Wunsch, nun den dieselhydraulischen Aussichtstriebwagen VT 137 240 endlich zeigen zu können, wieder nicht in Erfüllung. Nachdem die Hauptverwaltung der Reichsbahn im August verfügt hatte, daß er ohne Überstunden fertigzustellen sei, wurde schließlich ein Plan mit den Zulieferern vereinbart, nach dem der Wagen Anfang Dezember zur ersten Probefahrt auslaufen konnte. Beim Einbau der großen Sicherheitsglasscheiben ergaben sich aber so erhebliche Spannungen und Brüche, daß man wegen der entstandenen Verzögerung auf seine Vorstellung in Nürnberg verzichten mußte.

Weitere Programmänderungen entstanden durch den verspäteten Wunsch der Zentralämter, auch einen Zug mit ihren Meßwagen zu fahren, der nun statt eines Schnellzugs neuer Bauart hinter die E 18 gehängt wurde. Dafür wurde die Sammlung von Unterrichtswagen an der V 16 101 gekürzt und den Meßwagen beigestellt, während die Diesellokomotive nun einen Bauzug zu führen hatte, mit dem sich ursprünglich eine Nebenbahnlok der Reihe 64 vorstellen sollte. Diese wurde vielmehr vor einen Zug aus Reservewagen der Rbd Nürnberg gespannt, die mit „Kraft-durch-Freude"-Ausflüglern zu besetzen waren. Auch der Anregung des Ministeriums für Volksaufklärung und Propaganda, als Auftakt der Schau sechs Einheitslokomotiven der Reihe 01 nebeneinander über die Gütergleise dampfen und fünf von ihnen während der gesamten Parade vor der Ehrentribüne verharren zu lassen, konnte aus technischen Gründen nicht entsprochen werden, so daß man die zehn Maschinen 01/03 aus den neuesten Lieferungen endlich als Ganzzug hintereinander vorüberrasen lassen wollte.

In der zweiten Novemberhälfte trafen nun die meisten Fahrzeuge in Nürnberg ein. Aus der Wagenversuchsabteilung Grunewald wurde am 28. November ein Zug aus den Zügen 9 und 10, einen Tag später ein Zug mit den Zügen 4, 12, 19 und drei Wagen für Zug 18 abgesandt; gleichzeitig kam über Bebra und Würzburg von Kassel der Zug 5 heran. Bis zur Generalprobe der Parade am 6. Dezember wurden die historischen Wagen und Lokomotiven im Reichsbahn-Ausbesserungswerk, alle Dampf-, Elektro- und Diesellokomotiven im Betriebswerk Rangierbahnhof, die Verbrennungsmotor- und Dampftriebwagen im Betriebswerk Hauptbahnhof und schließlich die elektrischen Triebwagen und alle Waggons in den Umladehallen auf dem früheren Ausstellungsgelände abgestellt. Zu diesem Termin trafen auch die für die Vorführung abgeordneten, mit den Fahrzeugen vertrauten Stammpersonale aus allen Teilen des Reiches ein. Selbst die Lokbesatzungen, die üblicherweise nicht zum Tragen einer Uniform verpflichtet waren, wurden anläßlich der Parade mit der neu eingeführten, schmucken Reichsbahn-Uniform versorgt. Damit waren die letzten Vorbereitungen abgeschlossen; die Jubiläumsfeier konnte beginnen.

Die Feierlichkeiten nahmen am Sonnabend, dem 7. Dezember 1935, mit einer schlichten Gedenkfeier an den Gräbern der Schöpfer der ersten deutschen Eisenbahn ihren Anfang. Auf dem Nürnberger Friedhof wurden Kränze an den Grabmälern von Johannes Scharrer, Georg Zacharias Plattner und William Wilson niedergelegt; gleichzeitig besuchte eine Delegation in Straßburg die Gruft von Paul Camille v. Denis.

In den frühen Mittagsstunden begannen Generaldirektor Dr. Dorpmüller und sein Stellvertreter mit einer Sammelaktion zum Tag der nationalen Solidarität vor dem festlich geschmückten Hauptbahnhof. Auf den Straßen von Nürnberg und Fürth sammelten auch die Reichsbahn-Direktionspräsidenten, die anläßlich der Feiern nach Franken gereist waren, Geld für diesen Zweck. Später am Nachmitttag gaben Platzkonzerte der Bahnschutzkapellen und die vielen uniformierten Eisenbahner in den Straßen den beiden Städten ein besonderes Gepräge. Abends versammelten sich die vielen tausend Eisenbahner in vier großen Sälen zu einem Kameradschaftsabend, an dem auch Veteranen und Angehörige der Eisenbahntruppen im Ersten Weltkrieg teilnahmen. Zur Hauptveranstaltung im Herkules-Saalbau hatten sich auch der Verwaltungsrat der Reichsbahn, die Spitzen der Nürnberger Behörden, die Professoren der eisenbahnwissenschaftlichen Fächer an den Hochschulen und eine Anzahl Auslandsvertreter eingefunden.

Auf eine Ansprache des Generaldirektors folgten Grußadressen der Privat- und Kleinbahnen, der ehemaligen Eisenbahn-Regimenter und der Ungarischen Staatsbahn. Der die ungarischen Vertreter begleitende Beauftragte des Reichsbeamtenführers benutzte die Gelegenheit, diese Gäste zu Zeugen für die tatsächliche Lage in Deutschland zu berufen, um damit den Lügenberichten einer gewissen Auslandspresse entgegenzutreten. Nun schlossen sich musikalische Darbietungen, humoristische Vorträge und Vorführungen der Reichsbahn-Turnvereine an, während Julius Dorpmüller und Wilhelm Kleinmann den drei anderen Sälen, die mit dem Herkulesbau durch Übertragungsanlagen verbunden waren, ihren Besuch abstatteten.

Die eigentliche Jahrhundertfeier wurde am Sonntag, dem 8. Dezember 1935, mit einer Gedenkstunde für die gefallenen Eisenbahner am Ehrenmal im Verkehrsmuseum eingeleitet, die durch die Kranzniederlegung seitens des Verwaltungspräsidenten der London, Midland and Scottish Railway, Sir Josiah Stamp, besondere Bedeutung erhielt.

Anschließend fand im Fahnensaal des Museums die offizielle Begrüßung der ausländischen Ehrengäste durch Generaldirektor Dr. Dorpmüller statt. Große Abordnungen aus England — darunter auch Herbert Gresley, Chief Mechanical Engineer der London and North Eastern Railway, der die britische Rekordlokomotive „Mallard" konstruierte —, Frankreich, Italien, Polen, Österreich, Ungarn und Belgien, ebenso Abgesandte aus der Tschechoslowakei, der Schweiz, den Niederlanden, Luxemburg, Dänemark, Norwegen, Schweden, Finnland, Lettland, Litauen, Jugoslawien, Bulgarien, Rumänien, Griechenland und der Türkei, schließlich sogar Delegierte aus Japan und China waren erschienen, um die völkerverbindende Aufgabe des Eisenbahnwesens zu unterstreichen.

Inzwischen waren bei herrlichstem Winterwetter über zweitausend Eisenbahner zu einem Umzug durch die Stadt Nürnberg angetreten. An der Spitze marschierte eine Gruppe in historischen Uniformen, die das lebhafteste Interesse der zahlreichen Zuschauer fanden. Es folgten Beamte in den Uniformen der ehemaligen Länderbahnen sowie eine stattliche Vertretung der deutschen Privateisenbahnen. Den Schluß des Zuges, den auch Marschkapellen begleiteten, bildeten Abgeordnete aller Direktionsbezirke in den neuen Uniformen, die nun wieder mit Kragenspiegeln und Schulterklappen ausgestattet waren.

Den Mittelpunkt der Jubiläumsveranstaltungen bildete der Festakt im Hauptsaal des Industrie- und Kulturvereins Nürnberg, der auch die ersten Reichsparteitage beherbergt hatte. Inzwischen war mit einem Sonderzug auch Adolf Hitler eingetroffen, der am Bahnhof mehrere Ehrenformationen abschritt und sich danach in den Festsaal begab. An weiterer Prominenz waren noch Propagandaminister Goebbels, Reichsjugendführer v. Schirach, Verkehrsminister v. Eltz-Rübenach, Gauleiter Streicher, Oberbürgermeister Liebel, Reichsorganisationsleiter Ley, Reichsbahn-Verwaltungsratspräsident König und sein Stellvertreter v. Schröder, die Generale v. Reichenau und v. Schobert, Reichsstatthalter v. Epp, Ministerpräsident Siebert, Reichsarbeitsdienstführer Hierl und Generalinspektor Todt anwesend. Der Rundfunk hatte seine Aufnahmeapparate installiert, die Wochenschau und die Reichsbahn-Filmstelle ihre Kameras in Position gebracht, als nach dem Huldigungsmarsch von Richard Wagner und einer Ansprache von Gauleiter Streicher Julius Dorpmüller das Wort ergriff:

„Willkommen, unsere Gäste, insonderheit Sie, werte Berufsgenossen des Auslands.

Tagtäglich rasen unsere deutschen Züge tausend und abertausend Kilometer durch unser Land. Sie durchlaufen täglich eine Entfernung, die zweieinhalbmal so groß ist wie der Abstand von der Erde bis zum Mond. Dahinter steht ein Heer von 630 000 Menschen mit schaffenden Händen und denkenden Hirnen, denen dieses Hasten und Jagen zur täglichen Gewohnheit wurde. Da ist wohl recht, an Festestagen einmal Hand und Hirn ruhen zu lassen und atemholend uns des großen Werkes zu erinnern, dem wir dienen. Schalttage des Arbeitslebens möchte ich sie nennen. Dieser Festtage höchster ist heute, denn wir feiern den Tag, an dem vor 100 Jahren die deutsche Eisenbahn entstand.

100 Jahre Eisenbahnen! Es ist doch recht schwer für uns, uns in die Zeit von 1835 zurückzuversetzen. Wir sind zu sehr Kinder unserer rasch dahineilenden Zeit mit ihren sich überstürzenden technischen Fortschritten. Die Biedermeierzeit vor hundert Jahren baut sich auf auf Ruhe und Behagen. Uns ist, als habe damals die Fortentwicklung auf dem Gebiete des Transports und der Reisen stillgestanden. Das Pferd diktierte das Tempo, und wollen wir uns einmal einen Begriff machen von der größtmöglichen Reisegeschwindigkeit in jenen Tagen, dann müssen wir einen Menschen neh-

men, den die Not zur Eile peitschte und dem alle Mittel der Welt zu eigen waren, durch die Lande zu reisen und zu rasen:

In Wilna erreichte Napoleon auf dem Rückzuge von Rußland die Nachricht von der Gefahr, die seinem Thron in Paris drohte, und nun begann sein Jagen dorthin. In 312 Stunden, also in 13 Tagen, legte er die 2300 km lange Strecke Wilna-Paris zurück. Das Ergebnis waren 7 km in der Stunde. Wie unendlich gering erscheint uns das heute! Aber rechnen wir die Eilfahrten Cäsars vom Herzen Galliens bis nach Rom — wir kommen auf dieselbe kümmerliche Geschwindigkeit von 7 km.

Und dann stand 15 Jahre später nach der Wilnaer Reise in Darlington eine Maschine auf ihren Rädern, die 70 km/h zu fahren vermochte. Ein welterschütterndes Ereignis, das sehr bald alle Entfernungen auf ein Zehntel zusammenschrumpfen ließ.

Wenn es richtig ist, daß die Macht einer Regierung nur so weit reicht, als sie in kürzester Frist ihre entlegensten Provinzen in der Not mit Nahrungsmitteln versorgen und bei Feindesgefahr mit ihren Waffen verteidigen kann, dann war mit dieser neuen Maschine die Zeit gekommen, große Reiche zu festigen und neue zu gründen. Die Vereinigten Staaten von Amerika wären nicht zu einem einheitlichen Ganzen zusammenzuhalten gewesen ohne die Eisenbahnen, und der heute drohende Zerfall eines großen Reiches im Fernen Osten wäre unmöglich, hätte dieses Reich sich mit Eisenbahnen überzogen und damit seiner Regierung ermöglicht, ihre Machtmittel selbst in entlegene Landesteile zu tragen.

Doch wozu so weit in die Welt hinausblikken? Wie war es 1835 in Deutschland? Von den 300 Landesherren im Reich nach dem Westfälischen Frieden waren immer noch 36 vorhanden und ihr Besitz in Enklaven übers Land versprengt. Dem am 1. Januar 1834 gegründeten Deutschen Zoll- und Handelsverein waren 10 deutsche Länder ferngeblieben, und die, die ihm angehörten, bezeichneten sich selber noch als „Ausland". Noch immer standen Hunderte von Schlagbäumen und hemmten den Verkehr und seine Fuhrwerke. Da erschien das neue Gefährt mit einer bis dahin unbekannten Geschwindigkeit. Vor ihm mußten endlich die letzten Schlagbäume kapitulieren, und nur noch als Spuren dieser letzten Landesherrlichkeit verblieben unnötige Umwege und Steigungen unserer Eisenbahnlinien.

Wir haben die erste Lokomotive wieder erstehen lassen; auf der Ausstellung dieses Sommers hat sie Dienst getan. Heute mittag sollen wir sie wiedersehen. Fast wie ein Spielzeug nimmt sie sich aus gegenüber den modernen Lokomotivriesen, und doch enthält sie alle die grundliegenden Bauelemente, die heute noch das Wesen unserer Lokomotiven ausmachen.

Es gibt kein besseres Zeugnis von der Genialität der Stephensonschen Gedanken. Wollen wir in raschem Fluge die 100 Jahre durcheilen, so folgen wir am besten der Lokomotive, die die Eigenart der Eisenbahnen in sich verkörpert. Die Zeit hat nicht stillgestanden. Die Ingenieure aller großen Kulturvölker haben an der Vervollkommnung der Lokomotive mitgearbeitet. Auch unsere deutschen Konstrukteure standen mit in der Front.

Die Zahl der angetriebenen Achsen und damit die Zugkraft stieg von 1 auf 4 bis 6. Drehgestelle und Lenkachsen überwanden die scharfen Kurven und sicherten den ruhigen Lauf. An Stelle der Vollfüllung der Zylinder trat die Expansion des Dampfes. Es kam die Vorwärmung des Speisewassers und Einführung des Heißdampfes, die Steigerung des Dampfdrucks versuchsweise bis auf 100 Atmospären und schließlich die Stromlinienverkleidung für höchste Geschwindigkeiten. Und wenn der alte Stephenson heute wieder aus dem Grabe stiege und sähe, wie im hundertjährigen Ringen seine Lokomotive von 40 Pferdestärken und 70 km/h Höchstgeschwindigkeit zu unserer neuen Dampflokomotive mit 3500 Pferdestärken sich bis zu 200 km/h Höchstgeschwindigkeit entwickelt hat, er würde mit seinen Nachfahren zufrieden sein.

Aber 200 km in der Stunde. Was ist das! Das Auto hat diese Geschwindigkeit seit langem überholt, und im Heinkel-Flugzeug fliegt heute der Verkehrsgast schon 350 km/h. Gar nicht zu reden von den Geschwindigkeiten der Sportflieger. Was will da die alte Dampflokomotive mit ihren 200 km? — und dennoch — gemach, meine Herren —, die Dampflokomotive, mit der wir in diesem Jahre unsere Versuchsfahrten machten, und die bis 197,5 km erreichte, fuhr diese Geschwindigkeit nicht für sich allein. Sie schleppte an ihrem Zughaken einen Wagenzug von 250 t Gewicht. Wer also glaubt, die Zeit der Dampflokomotive sei vorüber, der zeige uns ein Verkehrsmittel, das diese Geschwindigkeiten fährt und diese Lasten dazu schleppt, ein Verkehrs-

Tabelle 5: Programm der Fahrzeugparade am 8. Dezember 1935

Programmpunkt	Betriebs-nummer	Beheimatung	Personal	Personal von	Bem.
1) Schnellzug-Einheitsloks	**01 150**	Bw Bebra	Haas/Möller	Bw Bebra	–
	151	Bw Bebra	Gernand/Abhau	Bw Bebra	–
	152	Bw Offenburg	Ehret/Hassfratz	Bw Offenburg	–
	153	Bw Offenburg	Melet/Fischer	Bw Offenburg	–
	154	Bw Breslau	Postrath/Weiner	Bw Breslau	1)
	155	Bw Breslau	Nerretter/Wunsch	Bw Breslau	–
	03 209	Bw Würzburg	Schmuck/Kaiser	Bw Würzburg	–
	210	Bw Würzburg	Glock/Amling	Bw Würzburg	–
	211	Bw Schneidemühl	Lunow/Drylgalla	Bw Schneidemühl	–
	212	Bw Schneidemühl	Krüger/Krüger	Bw Schneidemühl	–
2) Ludwigsbahn-zug (5 Wagen)	**„Adler"**	Bw Nürnberg Rbf	Schnitzenberger	Bw Nürnberg Rbf	2)
3) histor. S-Lok Bismarckwagen	**„Die Pfalz"**	Bw Nürnberg Hbf	Simon/Laudenbach	Bw Nürnberg Rbf	–
4) Lok 05 001	**05 001**	LVA Grunewald	Langhans/Höhne	LVA Gd	1)
PwPost 4 ü	100 027	Halle			–
WR 4 ü	(1 090)	Mitropa	Steinacker	Bww Nür Hbf	3)
AB 4 ü	(11 616)	(Halle)			3)
ABC 4 ü	(14 275)	(Köln)			3)
5) HW-Dampfzug	**61 001**	LVA Grunewald	Ramin/Schröder	LVA Gd	–
SPwPostWR 4 ü	10 401	Berlin			–
SBC 4 ü	10 402	Berlin			–
SBC 4 ü	10 403	Berlin			–
SBC 4 ü	10 404	Berlin			–
6) Wechselstrom-Schnelltriebwagen	**el T 1900**	Bw Stgt.-Rosenstein	Schemmberger/Dieterle	Bw Rosenstein	4)
7) Fliegender Hamburger	**877 a/b**	Bw Berlin Abhf	Beyrau/Töpfer	Bw Lehrter Bf	5)
8) Dreiteiliger SVT	**137 154 a/b/c**	Rbd Berlin	Meyer/Wallwiener	Raw Wittenberge Rbd Breslau	5)
9) Lok 02 101	**02 101**	Bbd Altona	Spilling/Mende	Bw Altona	6)
Pw 4 ü	105 309	Halle			7)
Post 4 ü	160	Bf München Hbf			–
WL 4 ü	22 054	Mitropa	Köhler	Bww Grunewald	3)
ABC 4 ü	(14 218)	(Stuttgart)			3)
AB 4 ü	(11 614)	(Halle)			3)
10) Rheingold	**01 156**	(Bw Schneidemühl)	Sommer/Friedrich	Bw Nürnberg Hbf	8)
SPw 4 ü	105 003	Bww Köln Bbf	Wagner	Bww Köln Bbf	–
SA 4 ü	10 508	Bww Köln Bbf			–
SA 4 üK	10 501	Bww Köln Bbf			–
SB 4 ü	10 702	Bww Köln Bbf			–

mittel, das seine Bahn sich selber baut und Renten abwirft.

Denn mit der steigenden Geschwindigkeit ist auch die Rentabilität der Eisenbahn gewachsen. Die Ersparnisse, die durch die Beschleunigung allein schon in den Jahren von 1929 bis 1935 erzielt worden sind, belaufen sich auf jährlich 25 Millionen. Unser Oberbau und unsere Brücken sind imstande, die höchsten Geschwindigkeiten zu tragen. Für die Hauptstrecken sind die Signalanlagen hierfür schon ausgebildet.

Wir gehen wohl ausgerüstet in das zweite Jahrhundert der Dampflokomotive hinein.

So wollen wir wie bisher nach unseren Kräften Volk und Regierung die schweren finanziellen Lasten tragen helfen, wollen eine große Arbeitsstätte bleiben für Hunderttausende unserer Volksgenossen. Wir wollen unsere Volkswirtschaft mit Milliardenaufträgen befruchten. Dem Volk aber wollen wir billige Frachten für seine lebenswichtigen Güter erhalten. Das sei das Gelöbnis an unseren heutigen Ehrentag."

Anschließend gab der Reichs- und preußische Verkehrsminister einen kurzen Abriß der Eisenbahngeschichte, besonders unter Berücksichtigung der Entwicklung von Privatbahnen über Staatsbahnen zur Reichsbahn. Hierauf folgte, immerwieder von Begeisterungsstürmen unterbrochen, eine vorher nicht angekündigte Rede Hitlers über die Stellung von Eisenbahnen und Eisenbahnern im nationalsozialistischen Staat, die aus mehreren Gründen auch heute noch der Beachtung durch die Historiker bedarf. Der erste Teil unterstreicht auch für die Zukunft die Rolle der Eisenbahn als eines unbedingt sicheren Massentransportmittels, auf das, anders als auf den individuellen Kraftwagen oder das schnelle Flugzeug, das Dritte Reich niemals verzichten könne. Diese Erklärung und ihre Folgen sind besonders in der Diskussion, inwieweit die Reichsbahn auf den Krieg vorbereitet war, noch kaum gebührend berücksichtigt worden. Nicht weniger groß ist die Bedeutung des zweiten Teils der Rede, in der nach zu Herzen gehenden Worten des Dankes und der Anerkennung für die Treue und Pflichterfüllung des Eisenbahners die aufopferungsvolle Unterordnung der Menschen eingeordnet wird in ein Weltbild von Führer und Gefolgschaft, das scheinbar kapitalistische und gemeinwirtschaftliche Bestrebungen zu einer Harmonie verbindet, und das von dem Einzelnen Verzicht zugunsten einer vollkommen verschwommenen Gesamtheit verlangt. In dieser Forderung und diesem Denken ist die äußere Erklärung für manches heute Unbegreifliche der Reichsbahnzeit, für das Pathos der Jahrhundertfeier ebenso wie für die Entwicklung zur Kriegsbereitschaft des Vierjahresplans, zu erblicken. Aufgabe der Eisenbahn war es, der Wirtschaft eines bestimmten Gesellschaftssystems zu dienen.

Nur allmählich legte sich nach der — für die seinerzeitigen Erwartungen und Maßstäbe — mitreißenden Rede der Beifall so weit, daß ein Festspiel „Die Straße ins Reich" seinen Anfang nehmen konnte. Anschließend folgte das Scherzo aus Beethovens 7. Sinfonie. Nach einem Sieg-Heil auf den Führer klang die feierliche Veranstaltung mit dem Deutschland- und Horst-Wessel-Lied aus. Zur Mittagszeit schloß sich ein symbolisches Eintopfessen im Wartesaal des Hauptbahnhofs an.

Püntklich um 14 Uhr begann am frühen Sonntagnachmittag auf dem Rangierbahnhof Nürnberg bei strahlendem Sonnenschein die Parade der Reichsbahnfahrzeuge. So zufrieden man unter den Veranstaltern auch über das Wetter war, brachte es doch für die Fotografen und Kameramänner durch die starken Kontraste zwischen dem frischen Schnee und den dunklen Maschinen erhebliche Schwierigkeiten mit sich, unter denen auch einige unserer Abbildungen leiden.

Zur Begeisterung der fast 30 000 Zuschauer erschien auch Hitler wieder auf dem Platz. Er wurde von Generaldirektor Dr. Dorpmüller an der Katzwanger Brücke empfangen, begrüßte die Mitglieder des Verwaltungsrats der Reichsbahn mit Handschlag und schritt hierauf durch ein Spalier von Bahnschutzmännern zu der eigens für die folgenden Veranstaltungen errichteten großen Tribüne. Sodann meldete Julius Dorpmüller: „Zur Fahrzeugparade alles bereit", und schon donnerten die zehn Einheitsschnellzuglokomotiven der Reihen 01 und 03 unter ohrenbetäubendem Pfeifen vorüber.

Daneben wirkte der mit fröhlichen Kindern in Biedermeiertracht besetzte erste deutsche Eisenbahnzug, der den modernen Dampfriesen im Abstand von wenigen hundert Metern folgte, wie ein Spielzeug. Die Entwicklung des vergangenen Jahrhunderts konnte nicht deutlicher sichtbar gemacht werden als durch diese Gegenüberstellung. In der Parade folgten dann die erste deutsche Schnellzuglokomotive

Programmpunkt	Betriebs-nummer	Beheimatung	Personal	Personal von	Bem.
11) Fahrt ins	**24 069**	Bw Treysa	Leutsch/Blume	Bw Tresya	–
Blaue: C 3 i	93 301	Bf München Hbf			–
C 3 i	93 326	Bf München Hbf			–
C 3 i	94 932	Bf München Hbf			–
C 3 i	95 467	Bf München Hbf			–
C 3 i	97 334	Bf München Hbf			–
C 3 i	97 337	Bf München Hbf			–
12) Lok 71 002	**71 002**	Bw Bamberg	Mann/Schmidt 3	Bw Bamberg	6)
BC 4 i	33 537	Hannover			3)
C 4 i	73 383	Bww Nürnberg Hbf			–
13) Lok 43 001	**43 001**	Bw Erfurt	Lörner/Renk	Bw Rothenkirchen	9)
OOt	855	Saarbrücken	Lehmann	Bw Rummelsburg	10)
OOt	891	Saarbrücken			10)
OOt	889	Saarbrücken			10)
OOt	892	Saarbrücken			10)
OOt	888	Saarbrücken			10)
OOt	890	Saarbrücken			10)
14) Lok 84 001	**84 001**	....	Link/Kranz	MA/Bw Meiningen	11)
Schotterwagen	702 001	Bm Neustadt (Ai)	Buchner	Bm Nür Hbf 2	–
Schotterwagen	702 002	Bm Neustadt (Ai)			–
Schotterwagen	702 005	Bm Neustadt (Ai)			–
Schotterwagen	702 007	Bm Neustadt (Ai)			–
Weichenwagen	710 079	Bm 56 Bf Esn West	Menroth	Rbd Essen	–
Gleisbaukran m. 2 Schutzwagen	734 051	Bm 56 Bf Esn West	Companie	Rbd Essen	–
15) Lok 86 234	**86 234**	(Bw Ehrang)	Schmidt 3/Wolf 2	Bw Nür Rbf	12)
Kübelwagen	26 706	Bf Recklinghsn. Süd			–
Om-Wagen	97 727	Bsl			–
Tieflader	12 961	Köln	Herbst	Bww Nür Hbf	–
Kranwagen 757 m. 2 Schutzwagen u. Gewichtswagen	800 002	Hannover			–
16) Bauzug	**V 16 101** (1C1)	Krauss-Maffei	Hopf/Reutter	Bw Nür Rbf/RZA Mü	13)
Gerätewagen	701 811	Kassel			–
Küchenwagen	701 219				–
Bürowagen	701 218				–
Wohnwagen	701 292		Krapp	Bm Nür Rbf	–
Wohnwagen	701 295				–
17) Karwendelzug	**E 04 022**	(Bw München Hbf)	Eibl/Lorenz	Bw München Hbf	14)
Pw 4 üK	105 533	München			15)
ABC 4 ü	14 137	München			15)
C 4 ü	16 534	München			15)
C 4 ü	16 526	München			15)

Programmpunkt	Betriebs-nummer	Beheimatung	Personal	Personal von	Bem.
18) Meßzug	**E 18 02**	Bw München Hbf	Poch/Reiter 3	Bw München Hbf	–
Lokversuchsw. 3	(700 577)	(Berlin) LVA Gd	Mai	Raw Grunewald	–
el. Meßwagen B	700 756	München LVA Mü-Fr			–
Heizungsmeßw.	(700 586)	(Berlin) LVA Gd	Warpel	Raw Grunewald	–
Bremsmeßwgn.	(700 566)	(Berlin)	Masurach	Raw Grunewald	3)
Oberbaumeßw.	700 580	Berlin	Liebrecht	Raw Grunewald	3)
Unterrichtswgn.	700 750	Nürnberg Hbf			–
Meßwagen	(700 589)	....			–
19) Eilzug m. G.	**E 44 042**	(Bw München Hbf)	Sauer/Scholl	Bw Nürnberg Rbf	16)
Pw 4 i	112 384	Halle			7)
BC 4 i	33 538	Hannover			3)
C 4 i	73 348	Nürnberg Hbf			–
Glhs	30 988	Dresden			–
Gkhs	6001	Berlin			17)
20) Güterzug	**E 93 03**	Bw Kornwestheim	Widmer/Hanner	Bw Kornwesth. Rbf	–
Bierwagen	518 007	Mü (Paulaner)			–
Bierwagen	518 091	Mü (Würzburg)			–
Bierwagen	518 069	Mü (Hacker)			–
Bierwagen	518 016	Mü (Pschorr)			–
Bierwagen	518 117	Mü (Reifbräu)			–
Bierwagen	518 921	Mü (Löwenbräu)			–
21) Wechselstrom-Triebwagen	**el T 1826**	Bw Tübingen	Vogel/Graf 3	Bw Tübingen Bw Nür Hbf	–
22) Aussichts-Triebwagen	**el T 1999**	Bw München Hbf	Auracher/Sturm 2	Bw München Hbf	–
23) 4achs. Diesel-Triebwagen	**137 078**	Raw Opladen	Weischede/Hofmann	Raw Opladen Bw W'tal-Steinbeck	–
Steuerwagen	**145 051**	Raw Opladen			–
24) 4achs. Dampf-Triebwagen	**DT 857**	Berlin	Krück/Sander	Bww Kassel Hbf Bww Tempelhof	18)
Steuerwagen	**145 094**	....			–
25) 2achs. Diesel-Triebwagen	**135 009**	Bw Nürnberg Hbf	Rosenberger/Föttinger	Bw Nürnberg Hbf	–
Beiwagen	**140 116**	Bww Nürnberg Hbf			–
26) Kleinlok I	**Kö 0200**	(Bf Winnweiler)	Hermleben/Rößle	Bw Nürnberg Hbf	19)
27) Kleinlok II	**(Kb 4758)**	LVA Grunewald	Orth/Leopold	LVA Grunewald	–
28) Gleiskraft-wagen (Indusi)	Daimler-Benz	RZB Berlin	Ziegler/Dirscherl	Bm Nür Hbf 2	–
29) Rottenwagen el. Antrieb	Bauart Müller	Rbd Dresden	Putz/Wurzer	Bkw Regensburg Obl Nürnberg	–
30) Gleiskraftrad	Beilhack	Rbd Regensburg	Mühlberger/Schwemmer	Bm Nür Hbf 2 Bm Nür Ost	–
31) KdF-Zug	**64 363**	(Bw Ingolstadt)	Wachter/Kraus	Bw Nürnberg Hbf	20)
6 Wagen	....	Nürnberg	Fürbacher	Bww Nür Hbf	21)
32) Schnell-triebwagen	**137 230 a/b**	Bw Berlin Ahbf	Bein/Liese	Bw Berlin Ahbf	22)
33) Glt	78 013	Bremen	Herbst/Steinacker	Bww Nür Hbf	23)
Kesselwagen	900 567	Altona			24)
Om	97 726	Bsl			23)

Anmerkungen zum Programm der Fahrzeugparade

1) Lok nach Raw Braunschweig zuständig
2) Ersatzpersonal Schmidt/Schlirf
3) Waggon nach Wagenversuchsanstalt Grunewald zuständig
4) Triebwagen noch zur Maschinenfabrik Esslingen zuständig; Abgabe in Rbd München vorgesehen
5) Rückleitung an Raw Wittenberge
6) Lok noch nach Lokversuchsanstalt Grunewald zuständig, aber im Raw Braunschweig abgestellt
7) Bereits beheimatet in Leipzig Hbf West
8) Aus Neulieferung Henschel Nr. 22 704 über Raw Braunschweig direkt nach Nürnberg
9) Lok kam von Raw Meiningen
10) Rückleitung nach Bf Berlin-Schöneweide
11) Rückleitung nach Raw Meiningen
12) Aus Neulieferung Schichau direkt nach Nürnberg
13) Aus Neulieferung Krauss-Maffei Nr. 15 528 direkt nach Nürnberg, Rückleitung nach dort
14) Aus Neulieferung AEG Nr. 4874 direkt nach Nürnberg
15) Rückleitung nach Raw Neuaubing
16) Aus Neulieferung Krauss-Maffei Nr. 15 547 direkt nach Nürnberg
17) Aus Neulieferung Rathgeber direkt nach Nürnberg
18) Rückleitung nach Raw Dessau
19) Aus Neulieferung Gmeinder direkt nach Nürnberg, Rückleitung an Rbd Ludwigshafen
20) Aus Neulieferung Krauss-Maffei über Raw Ingolstadt direkt nach Nürnberg
21) Wagendaten nicht überliefert
22) Nur zur Besichtigung
23) Zum Transport auf Straßenfahrzeug. Waggon noch nach der Wagenversuchsanstalt Grunewald zuständig.
24) Zum Transport auf Straßenfahrzeug, aus Neulieferung Westwaggon für das RLM direkt nach Nürnberg

„Die Pfalz" aus dem Jahre 1854 mit dem historischen Salonwagen Bismarcks, die Borsig-Stromlinienlokomotive mit einer Leistung von 3500 PS, der Henschel-Wegmann-Stromlinien-Dampfzug, mehrere Schnelltriebwagen für 160 km/h, neuzeitliche Dampflokomotiven mit den verschiedensten Personen- und Güterwagen, eine Diesellokomotive mit einem Bauzug, elektrische Lokomotiven und Triebwagen, Triebwagen mit eigener Kraftquelle, Motorkleinlokomotiven, Gleiskraftwagen für bahndienstliche Zwecke und ein KdF-Zug mit winkenden Fahrgästen in deutschen Volkstrachten.

Bis auf diese Wagen waren die übrigen Züge indes leer; gleichwohl hatte man in den Speisewagen die Tische gedeckt, in den Schlafwagen einige Betten hergerichtet und überall elektrische Beleuchtung eingeschaltet. Den wenigen aus betrieblichen Gründen benötigten Begleitern war es sogar ausdrücklich untersagt, sich etwa während der Vorbeifahrt an der Ehrentribüne im Fenster zu zeigen.

An die Schienenfahrzeuge schlossen sich mehrere Kraftwagen (Schnellreisebusse von Daimler-Benz, Büssing, Krupp und Opel), zwei Diesel-, ein Dampf- und ein Holzgaslastwagen sowie vier Culemeyer-Straßenroller an. Zunächst passierte das Straßenfahrzeug mit Schlepper, beladen mit einem Glt-Güterwagen, die Zuschauer, auf das ein Modell mit Eigenantrieb folgte, welches einen nagelneuen Kesselwagen des Luftfahrtministeriums für Treibstoffe trug. Ein riesiger Brückenträger auf zwei Fahrzeugen und der große Papiertrockenzylinder von 4,5 m Durchmesser auf einem Straßenroller schlossen sich an; den Schlußpunkt bildete das Straßenfahrzeug mit Kippvorrichtung auf dem ein Om-Güterwagen befestigt war. Damit war, wie der Generaldirektor der Reichsbahn in einem Schlußwort feststellte, der lebendige Beweis erbracht worden, daß das größte Unternehmen der Welt alle technischen Errungenschaften auszunutzen verstehe und seinerseits die Entwicklung wesentlich beeinflusse, daß es bei der Deutschen Reichsbahn vorwärts gehe und weiter vorwärtsgehen werde. Gleichzeitig kreisten einige Flugzeuge über dem Gelände.

Im Anschluß an die große Parade besichtigten Hitler und sein Gefolge die inzwischen auf Gleis 12 an der Katzwanger Brücke rangierten Maschinen 05 001 und 61 002, ferner den Elektro-Schnelltriebwagen 1900 und den vorher schon dort abgestellten SVT 137 230 des Typs „Hamburg", der an der Vorführung nicht teilgenommen hatte. In den Fahrzeugen standen die Reichsbahnräte Boden, Röhrs, Pfarr, Großpietsch und Ganzenmüller, selbstverständlich in neuer Uniform, bereit, um Einzelheiten auf den Führerständen und in den Fahrgasträumen zu erklären.

Am Abend fand auf dem Platz vor der Liebfrauenkirche eine Bescherung von dreihundert Eisenbahnerwaisen aus allen Direktionsbezirken statt, der auch die ausländischen

Gäste beiwohnten. Einen würdigen Abschluß fanden die Nürnberger Veranstaltungen später mit einer Festvorstellung im Opernhaus, wo der 3. Akt der „Meistersinger von Nürnberg" aufgeführt wurde.

Noch in der Nacht wurden die ausländischen Ehrengäste in einem Schlafwagensonderzug nach Heidelberg gefahren, von wo am Montag, dem 9. Dezember 1935, eine Bereisung der Reichsautobahnstrecke nach Frankfurt a. M. vorgesehen war. In Begleitung von Dr. Dorpmüller und Generalinspektor Todt wurde die Strecke mit Reichsbahn-Omnibussen in rascher Fahrt zurückgelegt. Von Frankfurt a. M. brachte ein Sonderzug die Teilnehmer nach Berlin, wo die Jubiläumsfeierlichkeiten abends mit einem großen Empfang der Deutschen Reichsbahn in Krolls Festsälen für alle Ehrengäste einen glanzvollen Abschluß fand. Unter den etwa 1400 Gästen waren Reichsminister und Staatssekretäre, zahlreiche Vertreter des Diplomatischen Korps, der fremden Eisenbahnverwaltungen, der Partei, der Wehrmacht, der Wissenschaft, der Industrie, der Wirtschaft und des Handels; der einfache Eisenbahner, der in Nürnberg noch die wirkungsvolle Kulisse der Parade gebildet hatte, war nicht geladen. In den Festansprachen des Generaldirektors, des Verkehrsministers und des polnischen Vizeverkehrsministers Dobkowski stand besonders die Aufgabe der Eisenbahn bei der Unterstützung des zwischenstaatlichen Wirtschaftsverkehrs im Vordergrund, den das an Rohstoffen arme, von dreizehn Staaten umgebene Deutsche Reich dringend benötige.

Schon am Morgen des gleichen Tages hatte in Nürnberg der Abtransport der vielen Fahrzeuge wieder begonnen. Die Versuchslokomotiven 02 101 und 05 001 nahmen die zur Wagenabteilung Grunewald zuständigen Wagen gleich ins Schlepp, die anderen Lokomotiven wurden vom Bahnbetriebswerk vor Regelzügen oder als Leervorspann in die Heimat abgefahren. Die Mehrzahl der Wagen wurde den Nürnberger Bahnhöfen zugestellt und von dort nach ihren Dienststellen abgesandt. Am Donnerstag, dem 12. Dezember, hatten die letzten Schaustücke der Fahrzeugparade die Stadt der ersten deutschen Eisenbahn wieder verlassen.

Von der Jahrhundertfeier

in Nürnberg

zurück nach ....

Laufzettel der Fahrzeuge, die nach dem Ende der Parade in ihre Heimat zurückgesandt wurden.

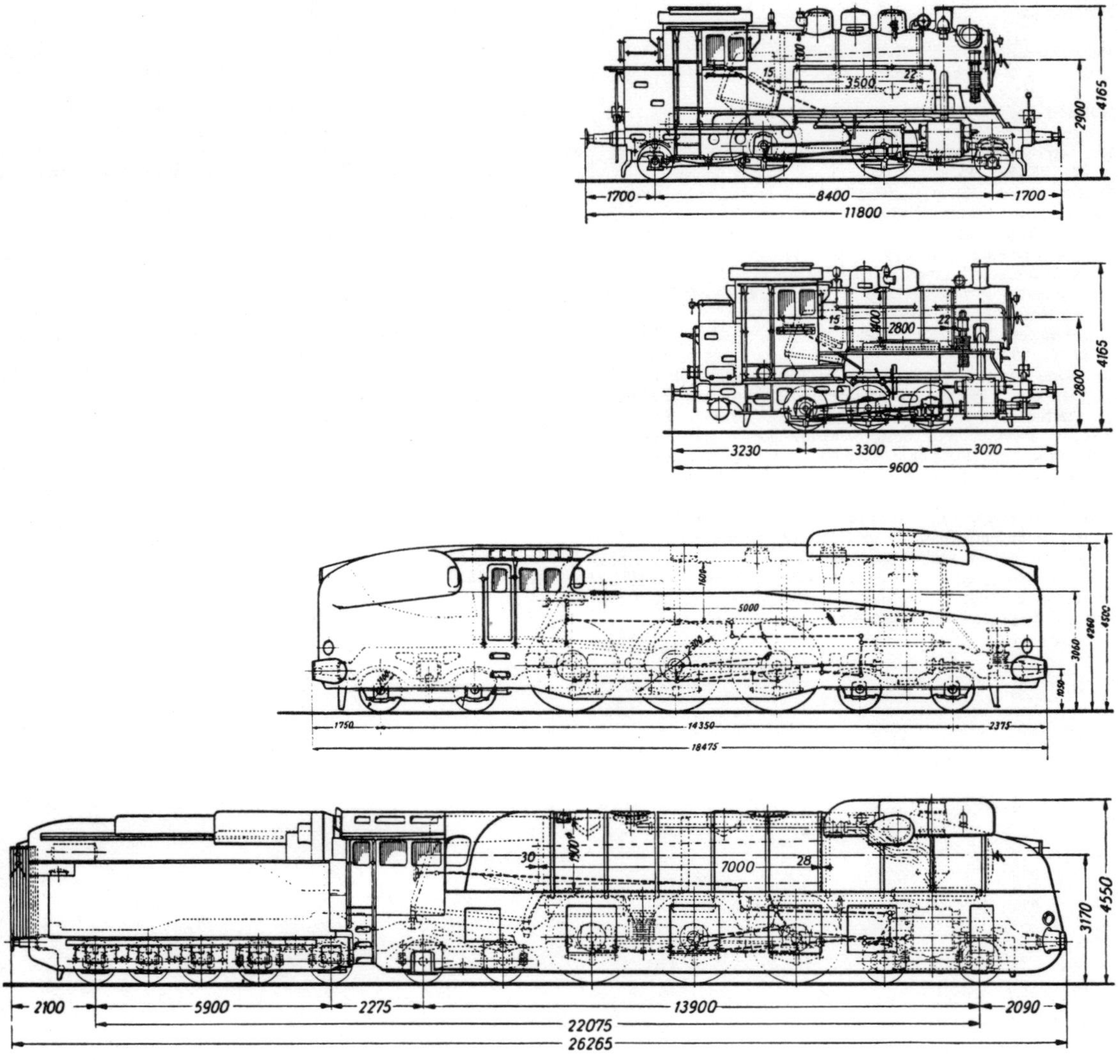

Diese vier Dampflokomotivtypen wurden 1935 erstmalig geliefert und sogleich auf der Nürnberger Ausstellung gezeigt: Baureihen 71, 89, 61 und 05 in Typenskizzen.

Bildquellen

Bundesarchiv Koblenz: Titelbild (S. 2), 6.
Sammlung Buchholz: 8—10, 12 (AEG), 13 (Siemens), 37 (Esslingen).
Nachlaß Dr. Ewald: 59.
Sammlung Maixner: 21, 26, 55, 57, 83.
Dr. Schlosser: 28—30, 34—36, 46, 49, 51, 52, 56, 63—65, 67—72, 74, 75, 80, 81.
Schörner (Fotoverlag Jungels): 31—33, 50, 53, 54, 60, 61.
Süddeutscher Verlag, Bilderdienst: 47, 84.
Ullstein Bilderdienst: 7, 16, 39, 44, 45 (Eschen), 48, 91.
Verkehrsmuseum Nürnberg, Verkehrsarchiv: 38.
Werkaufnahmen: 11 (Linke-Hofmann-Busch/Motoren- und Turbinen-Union/Maschinenbau Kiel), 14 (AEG-Telefunken), 17 Krauss-Maffei/Voith Getriebe).
Archivbilder: 1, 18—20, 22—24, 27 (Ulmer), 40—43, 58, 73, 78, 79, 82, 86, 101.

Bei allen übrigen Abbildungen im Tafelteil handelt es sich um Kopien aus Filmen der Wochenschau und der Reichsbahn-Filmstelle, die damals anläßlich des Jubiläumsjahres hergestellt wurden. Wir bitten unsere Leser um Verständnis, wenn an diese Originaldokumente nicht immer die gleichen Ansprüche gestellt werden können wie an hochwertige Plattenaufnahmen.

Alle Abbildungen im Text sind den Sammlungen des Verkehrsarchivs beim Verkehrsmuseum Nürnberg entnommen.

Es sei an dieser Stelle auch auf die schönen Diaserien „100 Jahre deutsche Eisenbahn. Ausstellung in Nürnberg 1935" hingewiesen, die der Fotoverlag Jungels (Mainz, Neutorstraße 7) nach Aufnahmen von Ernst Schörner vertreibt.

Quellenverzeichnis

Aktenstücke der Reichsbahndirektion Nürnberg, heute im Bestand Nr. 24 420 des Verkehrsarchivs beim Verkehrsmuseum Nürnberg
Amtliches Deutsches Fernkursbuch, Sommerfahrplan 1935. Historischer Nachdruck Landsberg 1971 (Ritzau-Verlag)
Eisenbahnen und Eisenbahner zwischen 1931 und 1935. Dokumentarische Enzyklopädie Bd. III Frankfurt am Main 1971 (Redactor-Verlag).
Festschrift Hundert Jahre Deutsche Eisenbahnen. Hrsg. vom Reichsverkehrsministerium. 2. Aufl. Berlin 1938
Festschrift 125 Jahre Henschel. Hrsg. von Kurt Ewald. Kassel 1935
Glasers Annalen. Organ der Deutschen Maschinentechnischen Gesellschaft. 68. Jahrgang 1935 (Berlin)
Illustrirte Zeitung. Hrsg. vom Verlag J. J. Weber in Leipzig. Heft Nr. 4711, 27. Juni 1935
Die Reichsbahn. Amtliches Organ der Deutschen Reichsbahn-Gesellschaft. 11. Jahrgang 1935, 12. Jahrgang 1936 (Berlin)
Statistische Angaben über die Deutsche Reichsbahn, Geschäftsjahr 1935. Berlin 1936